Ferdinand Nduwindavyi

Le Masque Derrière le Sourire

Ferdinand Nduwindavyi

Le Masque Derrière le Sourire

Quand l'Apparence Dissimule la Vérité.

Éditions Vie

Imprint

Cover image: www.ingimage.com

Publisher:
Éditions Vie
is a trademark of
Dodo Books Indian Ocean Ltd. and OmniScriptum S.R.L publishing group

120 High Road, East Finchley, London, N2 9ED, United Kingdom
Str. Armeneasca 28/1, office 1, Chisinau MD-2012, Republic of Moldova, Europe
Managing Directors: Ieva Konstantinova, Victoria Ursu
info@omniscriptum.com

Printed at: see last page
ISBN: 978-620-8-99690-1

Dédicace

À celles et ceux qui, un jour, ont osé tomber le masque face à moi et m'ont montré la beauté fragile de leur vérité.

À mes amis d'hier, d'aujourd'hui et de demain—pour les rires partagés, les silences qui parlent, les pardons accordés, les départs assumés, les retrouvailles inattendues.

À tous ceux qui se sentent parfois seuls au milieu des autres, qui doutent d'eux-mêmes, qui cherchent leur place dans la ronde des liens humains.

À toi, lecteur ou lectrice, qui portes un sourire fatigué et qui rêves d'une amitié où tu pourrais être pleinement toi.

Puissent ces pages t'accompagner vers la liberté d'aimer sans te trahir, de choisir sans culpabilité, et d'oser briller sans crainte d'éclipser ou d'être éclipsé.

Avec tendresse et gratitude.

Préface

Écrire ce livre, c'est avant tout un acte d'honnêteté. C'est accepter de regarder en face mes propres contradictions, mes zones d'ombre, mes élans et mes peurs dans ce vaste territoire qu'est l'amitié. Si je prends aujourd'hui la plume, c'est parce que, comme toi peut-être, j'ai connu la joie pure d'une complicité sans faille, mais aussi la morsure de l'abandon, le goût amer de la déception, l'usure des relations fondées sur le non-dit ou le sacrifice de soi. J'ai longtemps cru qu'il fallait plaire à tout prix, minimiser mes besoins, taire mes blessures, me faire tout petit pour préserver la paix. J'ai porté le masque, souvent malgré moi, croyant protéger les autres, alors que je me perdais un peu plus à chaque sourire forcé.

C'est à la faveur de rencontres, d'épreuves, de ruptures parfois nécessaires, que j'ai compris : l'amitié s'épanouit dans la vérité, ou elle s'étiole dans le faux-semblant. J'ai appris, pas à pas, à écouter mes besoins, à dire non sans culpabilité, à reconnaître mes propres fragilités, à oser demander du soutien. J'ai goûté à l'inconfort de la remise en question, à la solitude parfois, mais aussi à la joie profonde d'être entouré de personnes qui m'aiment pour ce que je suis, et non pour l'image que je cherche à donner.

Ce livre n'est pas une leçon, ni un règlement de comptes. Il est le fruit d'un cheminement, d'erreurs et de prises de conscience, d'innombrables discussions avec des amis, des lecteurs, des patients, des inconnus devenus proches. Chacun m'a aidé à comprendre que l'amitié n'est pas un acquis, mais une création patiente, faite de courage, d'écoute, de pardon et de joie partagée. Je leur dois beaucoup : leurs confidences, leurs silences, leurs pardons, leurs départs parfois, m'ont appris que chaque relation est un miroir, une invitation à grandir.

À toi qui lis ces lignes, je souhaite que ce livre soit un compagnon, jamais un juge. Que tu y trouves, selon ton histoire, des pistes pour t'interroger, te libérer, choisir, célébrer, pardonner. Que tu oses poser un regard neuf sur tes liens, et surtout sur toi-même. Que tu prennes conscience que tu as le droit d'exister pleinement dans chacune de tes relations, sans devoir sacrifier ni briller aux dépens des autres.

Merci à celles et ceux qui m'ont inspiré ces pages, parfois sans le savoir. Merci à toi de leur donner vie en les lisant et, peut-être, en osant à ton tour retirer un masque ou en encourager un autre à le faire.

L'amitié, la vraie, commence avec soi. J'espère que ce voyage t'en rapprochera.

Avec toute ma sincérité,

Ferdinand Nduwindavyi, PhD

Avant-propos

Ce livre est né d'une expérience intime et d'un constat partagé : l'amitié, ce lien que l'on croit si naturel, si évident, se révèle souvent plus complexe, fragile et exigeant qu'on ne l'imagine. Derrière les rires, les souvenirs partagés, les promesses de fidélité, combien d'incompréhensions, de non-dits, de blessures muettes ? Combien de relations maintenues par habitude, par devoir, ou simplement par peur de la solitude ? Combien de masques endossés, parfois si bien collés à la peau qu'on en oublie son propre visage ?

En tant qu'accompagnant, thérapeute, ou simplement être humain en quête de vérité dans ses liens, j'ai observé combien la question de l'authenticité dans l'amitié était à la fois centrale et rarement abordée sans tabou. Beaucoup s'interrogent : pourquoi ai-je l'impression de donner plus que je ne reçois ? Pourquoi me sens-je obligé de cacher mes émotions, mes désirs, mes limites ? Pourquoi certaines amitiés, qui semblaient indestructibles, se fissurent-elles soudainement ? Pourquoi ai-je tant de mal à choisir, à dire non, à quitter ou à accueillir ?

Ce livre n'est pas un réquisitoire contre l'amitié, bien au contraire. Il en célèbre la puissance, la beauté, la capacité de guérison. Mais il ose aussi explorer ses zones d'ombre : la peur de l'abandon, la trahison, la jalousie, la fausse humilité, les cycles de ruptures et de renaissances. Parce que c'est en regardant ces réalités en face, sans fard, que l'on peut espérer s'en libérer et construire des liens plus vrais, plus libres, plus nourrissants.

Tu trouveras ici des réflexions, des outils, des témoignages, mais surtout des invitations à l'introspection. Le but n'est pas de te dicter la bonne manière d'être ami, ni de juger tes choix passés ou présents. Il s'agit d'ouvrir des pistes, de t'encourager à questionner tes habitudes, à écouter tes besoins profonds, et à faire le tri entre ce qui te nourrit et ce qui t'empoisonne. Tu découvriras que l'amitié peut être un chemin de connaissance de soi aussi puissant que l'amour, la famille ou le travail sur soi.

J'ai voulu écrire ce livre pour toutes celles et ceux qui souffrent en silence d'amitiés déséquilibrées, qui se sentent incompris, qui cherchent une fraternité authentique, ou qui veulent simplement réinventer leur manière d'être en lien. J'ai voulu, aussi, offrir un espace de réflexion à ceux qui ont déjà traversé des ruptures douloureuses, qui doutent de la possibilité même d'une amitié vraie ou qui redoutent de tomber dans le cynisme.

Ce livre s'adresse aussi à toi, lecteur, lectrice, qui sens confusément qu'il existe une autre façon de vivre l'amitié : plus lucide, plus joyeuse, plus fidèle à ce que tu es. Puisses-tu y puiser des clés, des élans, ou simplement le réconfort de te savoir moins seul sur ce chemin.

Que ce voyage t'inspire à poser, ôter et transformer les masques, pour que le sourire devienne l'empreinte d'une amitié retrouvée avec toi-même et avec les autres.

Bonne lecture, et bon cheminement.

Prologue

Il existe, dans la comédie humaine, un art discret mais universel : celui de porter un masque. Nous le chaussons sans même nous en rendre compte, dès l'enfance, pour plaire, pour être accepté, pour éviter de décevoir. Il épouse les contours de notre visage, se pare d'un sourire poli, d'une modestie prudente, d'un enthousiasme de circonstance. Ce masque, c'est l'armure sociale qui rassure, protège, parfois étouffe. En amitié, il est particulièrement subtil : il se glisse entre la sincérité des retrouvailles et la peur de ne pas être « assez », entre le désir d'être aimé et la crainte de l'abandon.

Combien de fois as-tu souri alors que ton cœur était lourd ? As-tu minimisé une douleur, tu tes blessures, accepté sans broncher des paroles ou des gestes qui te heurtaient, simplement pour préserver l'apparence d'une relation harmonieuse ? Combien de fois as-tu feint la modestie, refusé un compliment, caché un succès, de peur d'être jalousé ou rejeté ? Combien de fois t'es-tu effacé, persuadé qu'être un « vrai ami » c'était s'oublier, s'adapter, se sacrifier ?

L'amitié, pourtant, devrait être un espace de liberté, de confiance, d'accueil inconditionnel. Un lieu où l'on peut déposer ses peines et ses joies, ses failles et ses forces, sans craindre le jugement ni la comparaison. Mais trop souvent, le masque s'invite à la fête : il distille des non-dits, des frustrations, des incompréhensions. Il dénature la relation, la rend fade ou toxique, jusqu'à parfois la faire éclater.

Ce livre est né de cette observation douloureuse et universelle : nous aspirons tous à des liens vrais, mais nous cheminons, parfois des années, prisonniers de nos propres masques. Par peur de blesser, de perdre, d'être seul. Par habitude, par loyauté mal placée, par manque de repères ou de modèles. Or, il est possible de faire autrement. Il est possible de réapprendre à s'écouter, à poser ses limites, à choisir ses amis, à pardonner, à célébrer, à transmettre. Il est possible de quitter le masque, pas à pas, pour laisser émerger un visage authentique, lumineux, fragile et fort à la fois.

Ce livre n'est pas un manuel de recettes miracles ni un plaidoyer pour le rejet de toute convention sociale. Il est une invitation à l'exploration : celle de ton histoire, de tes besoins, de tes blessures et de tes désirs. Il est un compagnon de route pour ceux qui veulent comprendre pourquoi l'amitié blesse parfois, comment elle peut guérir, comment elle se choisit, s'entretient, se répare. Il s'appuie sur des témoignages, des exercices, des réflexions, pour t'aider à te frayer un chemin vers plus de vérité et de liberté dans tes relations.

Au fil des pages, tu découvriras qu'il n'y a pas d'amitié parfaite ni de parcours linéaire. Il y a des essais, des erreurs, des ruptures, des renaissances. Il y a la joie d'être soi, d'oser dire non, de célébrer une réussite sans fausse pudeur, d'offrir et de recevoir sans calcul. Il y a la force du tri, la douceur du pardon, la beauté des retrouvailles, la profondeur de la transmission.

Peut-être te reconnaîtras-tu dans certaines histoires, peut-être seras-tu bousculé, apaisé, inspiré. Peut-être prendras-tu conscience d'un masque dont tu n'avais pas même soupçonné l'existence. Ce qui compte, c'est le mouvement : celui qui t'emmène, doucement mais fermement, vers des amitiés où le sourire n'est plus un masque mais le reflet fidèle de ton cœur.

Prêt à commencer ce voyage ? Alors, laisse le masque à la porte, et entre dans ta propre histoire.

Résumé

Le Masque derrière le Sourire est une exploration profonde et sincère des mécanismes qui façonnent – et parfois faussent – nos amitiés. À travers une approche à la fois introspective et pratique, l'ouvrage met au jour les masques que nous portons souvent sans le savoir : peur de déplaire, fausse humilité, conformisme, non-dits, ou encore sacrifices silencieux pour préserver la paix et l'image d'une amitié idéale.

S'appuyant sur des témoignages, des exercices concrets et des réflexions éclairantes, ce livre propose un véritable cheminement, du constat parfois douloureux de relations insatisfaisantes ou superficielles jusqu'à la construction d'amitiés plus vraies, plus nourrissantes et plus libres. Il aborde sans détour les thèmes de la sélection des amis, de la gestion des conflits, du pardon, de la trahison, du deuil amical, mais aussi de la célébration, de la transmission et du rôle subtil de la fausse humilité dans nos rapports.

Chaque chapitre invite le lecteur à revisiter ses propres expériences, à poser un regard lucide sur ses besoins, ses limites et ses désirs, et à oser transformer ses habitudes. Loin d'être un manuel de recettes toutes faites, **Le Masque derrière le Sourire** est un compagnon de route pour toute personne qui aspire à des liens plus authentiques, à une communication plus vraie, et à une amitié qui commence par le respect de soi.

Au fil des pages, le lecteur découvre que l'amitié véritable n'est ni un acquis ni un hasard, mais une construction patiente, faite d'écoute, de choix, de courage et de bienveillance. Loin des clichés et des injonctions, ce livre offre des clés pour retirer, peu à peu, le masque derrière le sourire – et laisser apparaître un visage, une voix, une présence authentiques.

Le Masque derrière le Sourire s'adresse à tous ceux et celles qui souhaitent sortir des faux-semblants, pour bâtir des relations amicales vivantes, équilibrées et profondément humaines.

Introduction

L'amitié, ce lien universel qui transcende les cultures, les âges et les frontières, est souvent perçue comme un refuge, une source inépuisable de réconfort et de bonheur. Mais sous les sourires, les accolades et les promesses d'éternité, se cachent parfois des dynamiques complexes, des tensions invisibles qui, au fil du temps, peuvent éroder la pureté de ce lien sacré. *Le Masque derrière le Sourire* est une exploration profonde de ces nuances, une invitation à regarder au-delà de l'apparence pour comprendre les vérités parfois inconfortables de nos relations les plus intimes.

Depuis l'enfance, on nous inculque l'idée que l'amitié est éternelle, qu'un véritable ami est un pilier inébranlable, une présence constante à nos côtés, malgré les tempêtes de la vie. Les contes, les films, les chansons célèbrent cette vision idéalisée, presque utopique, du lien amical. Mais cette construction culturelle, aussi inspirante soit-elle, peut devenir un piège. En cherchant à coller à cet idéal, on finit parfois par ignorer les signaux d'alerte, les petites fissures qui, un jour, pourraient faire s'effondrer l'édifice.

Dans un monde où la loyauté est érigée en vertu suprême, reconnaître qu'une amitié est devenue toxique ou déséquilibrée peut être vécu comme un échec personnel. Pourtant, il est essentiel de comprendre que toutes les relations ne sont pas destinées à durer. Certaines amitiés, bien que précieuses à un moment donné, ne résistent pas à l'épreuve du temps ou des changements individuels. Ce livre propose donc de déconstruire ces croyances limitantes et d'apprendre à accepter que l'amitié, comme toute relation humaine, est un voyage, parfois éphémère, mais toujours porteur d'enseignements.

Il y a des moments où une relation qui était une source de joie devient soudainement pesante. Ces instants de malaise, ces intuitions fugaces que quelque chose ne va pas, sont souvent les premiers signes que le masque derrière le sourire commence à se fissurer. Mais comment reconnaître ces signes ? Comment différencier une amitié authentique d'une relation qui, insidieusement, absorbe notre énergie et notre paix intérieure ?

Certains comportements, bien qu'apparemment anodins, peuvent révéler une dynamique déséquilibrée : un ami qui critique constamment sous couvert d'humour, qui minimise nos réussites ou amplifie nos échecs ; un autre qui exige une loyauté sans faille tout en offrant peu en retour ; ou encore celui qui utilise la manipulation émotionnelle pour conserver son emprise. Ces attitudes, bien qu'inconscientes dans certains cas, peuvent causer des blessures profondes, affectant notre estime de soi et notre capacité à faire confiance.

Mais il faut également être honnête avec soi-même. Parfois, nous jouons nous aussi un rôle dans ces dynamiques toxiques. Peut-être avons-nous peur de poser des limites par crainte de perdre l'autre ; peut-être cherchons-nous inconsciemment à plaire ou à éviter les conflits, même au prix de notre propre bien-être. Ce livre encourage une introspection honnête et bienveillante, non pas pour se blâmer, mais pour comprendre et grandir.

Pourquoi restons-nous attachés à des relations qui nous font souffrir ? La réponse réside souvent dans la peur du vide relationnel. L'idée de perdre un ami, même toxique, peut être terrifiante. Ce vide, perçu comme un échec ou une solitude insurmontable, nous pousse parfois à tolérer l'intolérable.

Mais le vide n'est pas forcément négatif. Il peut être un espace de renouveau, une opportunité de se recentrer, de guérir et d'accueillir de nouvelles relations plus alignées avec nos valeurs. En osant faire face à cette peur, en embrassant la solitude comme une étape nécessaire, on se donne la chance de reconstruire des liens plus authentiques et plus épanouissants.

Mettre fin à une amitié, surtout lorsqu'elle a duré des années, est un processus douloureux. C'est un deuil, une perte qui peut laisser un vide émotionnel profond. Mais comme tout deuil, il est possible de le traverser et d'en sortir grandi.

La première étape consiste à accepter ses émotions, qu'il s'agisse de tristesse, de colère ou de culpabilité. Ces sentiments, bien qu'inconfortables, sont normaux et nécessaires pour avancer. Ensuite, il est important de se donner le temps de guérir, de réapprendre à se faire confiance et à croire en la possibilité d'une amitié véritable.

Ce livre propose des exercices pratiques pour accompagner ce cheminement : des techniques de méditation pour apaiser l'esprit, des journaux introspectifs pour clarifier ses pensées et des outils de communication pour poser des limites claires dans ses relations futures. Chaque chapitre est conçu comme une étape vers la libération, un pas de plus vers une vie relationnelle plus saine et plus épanouissante.

Le pardon est un acte puissant, non pas pour excuser le comportement de l'autre, mais pour se libérer du poids de la rancune. Pardonner, c'est reconnaître que l'on mérite la paix, que l'on refuse de laisser les blessures du passé dicter notre présent. Mais pardonner ne signifie pas forcément renouer. Il est tout à fait possible de pardonner à un ancien ami tout en choisissant de ne plus l'inviter dans sa vie.

Ce processus de pardon commence par soi-même. Il s'agit de se pardonner pour les erreurs commises, pour les fois où l'on a accepté trop ou trop peu, pour les moments où l'on n'a pas su écouter ses propres besoins. Ce pardon envers soi-même est une étape essentielle pour se libérer du poids de la culpabilité et avancer vers des relations plus saines.

Le but ultime de ce livre est de t'aider à construire des relations amicales basées sur la sincérité, le respect mutuel et l'authenticité. Une amitié où les masques tombent, où chacun peut être lui-même sans crainte de jugement ou de rejet. Ces relations existent, mais elles nécessitent un travail sur soi, une capacité à poser des limites claires et à communiquer ses besoins de manière honnête.

Le Masque derrière le Sourire est plus qu'un livre : c'est un compagnon de route, une main tendue vers ceux qui cherchent à comprendre, à guérir et à se reconstruire. À travers des témoignages inspirants, des réflexions profondes et des exercices pratiques, il te guidera pas à pas vers une vie relationnelle plus épanouissante.

Prendre conscience du masque derrière le sourire, c'est oser regarder la vérité en face, même lorsqu'elle est inconfortable. C'est se donner la possibilité de grandir, de guérir et de renaître à l'amitié sous sa forme la plus pure. Ce cheminement, bien que parfois difficile, est profondément libérateur. Il te permettra de t'aimer suffisamment pour refuser ce qui te nuit, de t'ouvrir à la solitude lorsqu'elle devient source de paix, et de bâtir un entourage à la hauteur de tes valeurs.

Es-tu prêt à relever le défi ? À lever le masque et à (re)découvrir la beauté de l'amitié ? Alors plonge dans ce livre, et laisse-toi guider vers une transformation profonde et durable. L'amitié, dans sa forme la plus authentique, t'attend au bout du chemin.

Chapitre 1

Comprendre la Nature de l'Amitié

L'amitié est souvent considérée comme un pilier fondamental de l'existence humaine. Elle accompagne l'enfance, façonne l'adolescence, soutient l'âge adulte et adoucit la vieillesse. Mais derrière l'évidence de ce lien, se cache une réalité bien plus complexe qu'il n'y paraît. Car l'amitié n'est pas seulement une source de réconfort : elle peut aussi être, paradoxalement, un terrain propice au doute, à la souffrance, voire à la manipulation. Pour comprendre comment « le masque derrière le sourire » peut se former, il est essentiel de revenir à la source : qu'est-ce que l'amitié ? Qu'attend-on d'un ami ? Pourquoi ce lien, censé être libre et choisi, peut-il devenir si ambivalent ?

L'amitié, dans sa définition la plus classique, est un lien affectif, réciproque, qui repose sur le respect, la confiance et le partage. Contrairement aux liens familiaux, qui sont subis ou hérités, l'amitié est un choix : nous décidons de nous lier à quelqu'un, d'ouvrir un pan de notre intimité, de partager des moments, des pensées, des émotions. Cette liberté de choix donne à l'amitié une saveur particulière : elle n'est contrainte par aucune obligation, si ce n'est celle de la sincérité.

Pourtant, dès l'Antiquité, les philosophes s'interrogent sur la véritable nature de ce lien. Aristote distingue l'amitié par plaisir, l'amitié par utilité, et l'amitié vertueuse. La première repose sur la joie partagée, la seconde sur l'intérêt, la troisième sur la vertu – c'est-à-dire le respect mutuel et la volonté d'aider l'autre à s'élever moralement. Dans la réalité, la plupart de nos amitiés oscillent entre ces trois pôles, et c'est cette oscillation qui les rend parfois instables.

La société moderne, quant à elle, surcharge l'amitié d'attentes : soutien inconditionnel, loyauté à toute épreuve, écoute permanente, compatibilité quasi parfaite. On attend de l'ami qu'il soit à la fois confident, complice, soutien, miroir, voire substitut familial. Cette idéalisation n'est pas sans conséquence : elle expose à la déception, voire à la trahison, lorsque la réalité ne répond pas à l'attente.

Il est important de reconnaître que l'amitié n'a pas une seule forme, mais une multitude de visages. Elle peut être fusionnelle ou distante, durable ou éphémère, intense ou paisible. Certaines amitiés naissent dans l'enfance, d'autres à l'âge adulte ; certaines sont liées à un contexte, d'autres traversent les âges et les épreuves.

On distingue généralement plusieurs formes d'amitié, chacune ayant ses nuances et ses spécificités. L'amitié d'enfance fait partie des liens les plus précieux : elle se tisse dans l'innocence des premiers âges, marquée par une spontanéité sans calcul et une fidélité qui semble inébranlable. Ces relations, forgées à l'abri des exigences du monde adulte, portent en elles la saveur unique des souvenirs partagés et l'insouciance des premières découvertes. Vient ensuite l'amitié de circonstance, qui naît d'une situation commune, comme les études, le travail ou le voisinage. Elle s'appuie sur la proximité et l'entraide dans un contexte particulier, mais peut s'estomper lorsque ce contexte disparaît, laissant parfois un goût de nostalgie ou de détachement une fois la vie séparée des chemins.

L'amitié d'épreuve, quant à elle, se construit dans la difficulté. Elle naît souvent dans les moments de crise ou de souffrance partagée, où deux personnes se soutiennent mutuellement face à l'adversité. Ce type de lien est souvent très fort, car il s'appuie sur l'intensité de l'expérience vécue ensemble et sur la solidarité éprouvée dans l'épreuve. À côté de cela, l'amitié d'affinité repose avant tout sur des valeurs, des goûts ou des centres d'intérêt communs. Elle s'épanouit dans la joie de partager des passions, des discussions profondes ou des activités communes, offrant un terrain fertile à la complicité et à l'enrichissement mutuel.

Il existe aussi ce qu'on pourrait appeler l'amitié miroir, où chacun se retrouve dans l'autre à un point tel qu'il devient parfois difficile de distinguer ses propres désirs et besoins de ceux de l'ami. Cette forme de relation, particulièrement fusionnelle, peut apporter un sentiment de compréhension totale, mais comporte aussi le risque de perdre sa propre individualité au profit de la relation.

Chacune de ces formes d'amitié possède ses richesses et ses fragilités. Les reconnaître et comprendre la nature réelle de ses propres liens, c'est déjà faire un pas important vers la lucidité et la maturité relationnelle. Cela permet d'ajuster ses attentes, de cultiver ce qui fait grandir, et d'accepter, parfois, de laisser partir ce qui ne correspond plus à ses besoins profonds.

La recherche de l'amitié ne se limite pas au simple plaisir de partager des moments agréables ou de multiplier les occasions de rire ensemble. Si l'amitié occupe une place si importante dans la vie humaine, c'est parce qu'elle répond à des besoins fondamentaux, inscrits au plus profond de notre nature. Parmi eux, le besoin d'appartenance est sans doute l'un des plus universels : chacun aspire à être reconnu, accepté et aimé pour ce qu'il est, sans masque ni artifice. Au sein d'une amitié sincère, nous trouvons un espace où notre singularité peut s'exprimer sans crainte du rejet, et où l'on se sent véritablement accueilli.

L'amitié répond également à un besoin de soutien. Elle offre la possibilité de ne pas traverser seul les épreuves de l'existence, de pouvoir compter sur une épaule attentive dans les moments de doute ou de détresse, de recevoir l'écoute, la consolation ou l'encouragement dont nous avons besoin pour avancer. Cette dimension de solidarité, parfois discrète mais toujours précieuse, fait de l'ami un compagnon de route irremplaçable.

Le besoin de partage vient enrichir cette dynamique : à travers le dialogue, l'échange d'émotions, d'expériences et de souvenirs, nous tissons peu à peu un langage commun avec l'autre. Partager, c'est se sentir compris, mais aussi comprendre l'autre dans sa différence. C'est créer un espace où la réciprocité nourrit la confiance et la complicité.

L'amitié joue un rôle de miroir. Elle nous permet de nous découvrir à travers le regard bienveillant de l'ami, d'oser être vulnérable, d'évoluer, de se remettre parfois en question. L'autre nous renvoie une image de nous-mêmes, parfois flatteuse, parfois dérangeante, mais toujours précieuse pour notre croissance personnelle. Grâce à l'amitié, nous pouvons explorer de nouveaux aspects de notre personnalité, dépasser nos limites, et grandir ensemble.

Lorsque ces besoins sont comblés de manière saine et équilibrée, l'amitié devient alors une source inestimable d'énergie, de confiance en soi et de sécurité intérieure. Elle favorise l'épanouissement de chacun, nourrit l'estime de soi et offre un socle sur lequel s'appuyer pour affronter les défis de la vie. Mais il arrive aussi que ces besoins, au lieu d'être satisfaits, soient frustrés ou, pire encore, exploités par l'autre. L'amitié peut alors se transformer en un terrain propice à toutes les dérives : la dépendance affective, la manipulation, la jalousie, la rivalité ou le contrôle s'invitent dans la relation, la rendant douloureuse voire toxique. Il est donc essentiel de rester attentif à l'équilibre de ces besoins, afin que l'amitié demeure ce qu'elle devrait toujours être : un lieu de liberté, de croissance et de joie partagée.

L'idéalisation est l'un des pièges les plus subtils et les plus répandus dans le champ de l'amitié. Dès qu'une relation nous apporte du réconfort, de la joie ou un sentiment de compréhension rare, il est tentant d'élever l'ami au rang de personne quasi parfaite. On lui attribue alors toutes les qualités : disponibilité sans faille, écoute inconditionnelle, capacité à deviner nos besoins sans même que nous ayons à les exprimer. Cette tendance à idéaliser l'autre naît souvent d'un profond désir de sécurité affective et d'absolu, comme si l'ami pouvait à lui seul combler tous nos manques et réparer nos anciennes blessures.

Mais cette idéalisation, loin de solidifier la relation, la fragilise en secret. En projetant sur l'ami une image idéalisée, nous oublions que lui aussi est traversé par ses propres contradictions, ses peurs, ses moments d'indisponibilité ou d'incompréhension. Nous lui demandons, parfois sans nous en rendre compte, d'être le refuge parfait contre la solitude et de devenir la réponse à tous nos besoins. Or, cette attente démesurée pèse lourdement sur la relation : elle la rend inégale et fait naître, inévitablement, des frustrations.

Les déceptions sont alors inévitables. Qui n'a jamais ressenti de tristesse ou de colère devant une absence, une parole maladroite, un geste mal interprété ? Combien de fois avons-nous entendu ou prononcé ces phrases : « Je pensais qu'il ou elle serait toujours là pour moi », « Je croyais pouvoir tout lui dire, mais il m'a jugé », « Je ne m'attendais pas à être trahi par mon meilleur ami » ? Ces blessures naissent souvent moins de l'acte en lui-même que de l'écart douloureux entre ce que nous avons idéalisé et la réalité, forcément plus nuancée et imparfaite.

Pour construire une amitié mature et durable, il est essentiel d'apprendre à voir l'ami non pas comme un héros ou une héroïne, mais comme un être humain à part entière, doté de qualités mais aussi de faiblesses, capable du meilleur mais aussi du pire. Accueillir l'autre dans sa complexité, accepter ses limites sans pour autant souffrir en silence ou cautionner l'inacceptable, c'est offrir à la relation un espace de vérité, de pardon et de croissance. Se libérer de l'idéalisation, c'est faire le choix d'aimer l'autre pour ce qu'il est, et non pour ce que l'on voudrait qu'il soit.

Le « masque derrière le sourire » ne surgit jamais par simple caprice ou par pure malveillance. Il se construit souvent patiemment, à partir d'expériences passées, de peurs secrètes ou de besoins inassouvis. Ainsi, il arrive fréquemment que la peur de la solitude soit à l'origine de ce masque social. Certaines personnes, redoutant de se retrouver seules ou rejetées, préfèrent entretenir une multitude de relations superficielles plutôt que de risquer l'isolement. Elles accumulent les amis « de façade », multiplient les sorties et les échanges, mais gardent soigneusement leur cœur à l'abri, n'osant jamais s'engager sincèrement ni montrer leur véritable visage. Ce choix, souvent inconscient, agit comme une stratégie de protection : mieux vaut porter un masque rassurant que de s'exposer à la possibilité d'être blessé.

Parfois, c'est l'intérêt personnel qui se dissimule derrière un comportement amical. Dans ce cas, la relation n'est pas fondée sur l'affection véritable, mais sur l'attente d'un avantage : un soutien matériel, un appui professionnel, ou une valorisation sociale. L'ami devient alors un moyen, un levier pour obtenir ce que l'on désire, sans réelle considération pour sa personne ou ses sentiments. Cette instrumentalisation de la relation, même si elle peut sembler froide, traduit souvent un manque de confiance en sa propre capacité à être aimé pour soi-même.

Pour d'autres, la motivation première est la recherche d'admiration. L'ami n'est plus alors un partenaire d'échange et de partage, mais un miroir destiné à flatter l'ego, à renforcer le sentiment de valeur ou de supériorité. Ces personnes investissent dans l'amitié pour recevoir compliments, reconnaissance, voire dévotion, mais peinent à donner en retour ou à se montrer vulnérables. La relation reste alors déséquilibrée, prisonnière d'une quête permanente d'approbation.

Il existe également une forme de masque plus subtile : celui que l'on porte par peur de l'intimité. Blessées par le passé, trahies ou déçues par des relations antérieures, certaines personnes choisissent inconsciemment de rester à la surface des choses. Elles se montrent cordiales, attentionnées, disponibles en apparence, mais n'osent jamais ouvrir la porte de leur monde intérieur. Derrière le sourire, elles dissimulent leur fragilité, leur peur d'être à nouveau blessées ou abandonnées. Ce mécanisme d'auto-protection leur permet de garder le contrôle, mais les prive aussi de la profondeur et de la joie d'une amitié authentique.

Reconnaître ces dynamiques, que ce soit en soi ou chez l'autre, est une étape essentielle vers une plus grande lucidité relationnelle. Cela permet non seulement de se prémunir contre les déceptions et les malentendus, mais aussi de regarder l'autre avec davantage d'empathie. Chacun porte, souvent à son insu, ses blessures, ses peurs, ses zones d'ombre. Derrière chaque masque, il y a une histoire, une vulnérabilité, un désir d'être aimé tel que l'on est. En prenant conscience de ces mécanismes, on s'offre la possibilité de choisir, peu à peu, de quitter le masque au profit d'une présence plus vraie, plus libre, et plus nourrissante.

L'amitié véritable se mesure rarement dans les moments où tout va bien, mais bien plutôt à l'épreuve du temps et des circonstances. Les aléas de la vie – qu'il s'agisse de difficultés majeures, de changements de cap professionnels ou personnels, de succès éclatants ou d'échecs cuisants – servent de révélateurs puissants. Dans ces périodes mouvementées, on découvre si l'ami demeure présent malgré l'adversité, s'il sait écouter sans juger, soutenir sans imposer, accepter que l'autre évolue et prenne parfois des chemins inattendus. C'est dans la tourmente que la profondeur d'une relation se dévoile : la capacité à rester solidaire, à entendre la différence, à accompagner l'autre dans ses choix même s'ils ne correspondent plus à nos propres attentes.

Le passage du temps agit comme un filtre naturel, mettant à nu la véritable nature des liens amicaux. Il arrive que des amitiés, que l'on croyait solides parce qu'elles étaient anciennes, se fissurent ou même se brisent lorsque des tempêtes surviennent. Parfois, les intérêts divergent, les parcours de vie s'éloignent, ou une crise vient révéler des incompréhensions ou des attentes cachées. Dans ces moments-là, le lien peut se déliter, laissant derrière lui une forme de nostalgie, de déception, ou parfois un soulagement. À l'inverse, certaines relations, plus récentes, surprennent par leur robustesse : elles traversent sans vaciller les grandes épreuves, s'adaptent aux changements, se renforcent dans l'adversité et prouvent qu'il n'y a pas de fatalité dans la durée.

Il est donc essentiel de ne pas confondre ancienneté et profondeur. Une amitié entretenue depuis l'enfance ou l'adolescence n'est pas forcément plus authentique ou plus nourrissante qu'une relation née à l'âge adulte. Ce qui fait la richesse d'un lien, ce n'est pas seulement le temps passé ensemble, mais la qualité de la présence, l'écoute active, la capacité à traverser les conflits, à se remettre en question et à évoluer côte à côte. La sincérité ne se mesure pas au nombre d'années, mais à la vérité de ce qui se vit dans l'instant et à la capacité de s'ajuster aux changements de la vie.

Ainsi, l'amitié à l'épreuve du temps invite à la vigilance et à la gratitude. Vigilance, parce qu'il convient de prendre soin de ses liens, de ne pas s'endormir sur la routine ou la seule force de l'habitude, et de rester attentif aux évolutions de l'autre comme aux siennes. Gratitude, parce que partager un parcours de plusieurs années, traverser ensemble des hauts et des bas, construire une histoire commune riche de souvenirs et d'apprentissages, est un cadeau rare. Savoir reconnaître la valeur d'une amitié qui résiste aux épreuves, mais aussi accepter sans amertume qu'un lien puisse s'achever, fait partie de la maturité relationnelle. L'amitié, comme tout ce qui est vivant, demande d'être entretenue, renouvelée et parfois, humblement, de savoir dire adieu.

Pour approfondir la compréhension de la dynamique de tes relations amicales, rien de tel qu'un exercice d'observation active : la cartographie de ton cercle amical. Prends un moment, installe-toi dans un espace calme, muni d'une feuille de papier et d'un stylo. Au centre de la page, dessine un cercle et inscris-y ton prénom. Puis, autour de ce centre, commence à placer les prénoms de tes amis, ceux qui occupent une place dans ta vie aujourd'hui. N'hésite pas à positionner ces prénoms plus ou moins près de toi, selon le degré de proximité ou d'intimité que tu ressens avec chacun d'eux. Certains noms viendront spontanément se coller presque à toi, d'autres trouveront leur place un peu plus loin, à la périphérie de ce cercle.

Pour chaque personne ainsi inscrite, prends le temps de t'interroger en profondeur. Demande-toi d'abord : qu'est-ce que j'apprécie dans cette relation ? Est-ce la légèreté, l'humour, la profondeur des échanges, le soutien indéfectible, la stimulation intellectuelle ou simplement la présence rassurante ? Ensuite, cherche à savoir quels besoins cette amitié vient combler chez toi. Est-ce un besoin d'être écouté, d'être reconnu, de partager des passions, de te sentir compris, stimulé ou encouragé ? Tu pourras parfois constater que chaque ami répond à une part différente de toi, et que la richesse de ton cercle amical vient aussi de cette diversité.

L'étape suivante demande un peu de courage et beaucoup d'honnêteté : existe-t-il des non-dits, des frustrations ou des déceptions non exprimées dans cette relation ? Y a-t-il des sujets que tu évites systématiquement, des ressentiments que tu tentes de dissimuler, ou au contraire des attentes qui restent vaines ? Ces questions, bien que délicates, t'invitent à observer sans te juger et sans juger l'autre, mais simplement à prendre acte de la réalité de ce qui se vit – ou ne se vit pas – dans le lien.

Au final, interroge-toi sur la qualité de ta présence à toi-même lorsque tu es avec cette personne. Te sens-tu pleinement toi, libre d'exprimer tes émotions, tes opinions, tes besoins ? Ou bien joues-tu un rôle, portes-tu un masque, pour maintenir l'harmonie ou ne pas décevoir ? Demande-toi aussi si cette amitié t'aide à grandir, à t'épanouir, à devenir une meilleure version de toi-même, ou si au contraire elle te freine, te tire vers le bas, ou te maintient dans des schémas qui ne te conviennent plus.

Cet exercice, en apparence simple, peut parfois être bouleversant. Il permet bien souvent de faire émerger des prises de conscience essentielles sur la qualité, la diversité et l'équilibre de ses liens amicaux. Il ne s'agit jamais de condamner ou de faire des choix précipités, mais d'observer avec lucidité et bienveillance ce que tu vis réellement. À partir de ce constat, tu pourras alors choisir plus consciemment où investir ton énergie, quelles relations chérir, lesquelles faire évoluer, et comment, peut-être, ouvrir la porte à de nouveaux liens porteurs de sens. C'est un premier pas vers une amitié plus authentique, plus libre, et profondément alignée avec ce que tu es.

À l'ère du numérique, il devient difficile d'aborder la question de l'amitié sans se confronter à l'omniprésence des réseaux sociaux. Jamais dans l'histoire de l'humanité nous n'avons eu autant de « contacts », d'« amis » ou de « followers » en apparence à portée de main. Cette profusion de relations virtuelles crée l'illusion d'un cercle amical large et dynamique, où chacun peut donner et recevoir des signes d'attention en quelques clics. Pourtant, derrière cette facilité de connexion, l'amitié authentique semble parfois se dissoudre, noyée dans le flot de messages, de notifications et de contenus éphémères. Les réseaux sociaux, en multipliant les opportunités d'interactions superficielles, favorisent la comparaison constante, la recherche d'approbation et le zapping relationnel, au détriment de la profondeur et de la sincérité.

La fragilité de l'amitié à l'ère numérique tient aussi à la confusion qu'elle engendre entre lien réel et lien virtuel. Un « like » sur une publication, un message d'anniversaire automatique, ou une réaction à une petite histoire ne sauraient se substituer à une présence véritable, à une écoute attentive, à un regard échangé dans la confidence d'un moment partagé. Il est tentant de croire qu'un fil de discussion entretenu à distance suffit à nourrir la relation ; pourtant, le sentiment de solitude peut persister, voire s'accentuer, lorsque le nombre de connexions ne se traduit pas par des liens de confiance, de soutien et d'intimité réels.

Dans ce contexte, il devient vital de réapprendre à différencier l'amitié réelle de l'amitié virtuelle. Cette distinction implique de s'interroger sur la qualité des échanges : suis-je en train de nourrir une relation profonde, ou simplement d'entretenir une façade sociale ? Accorder du temps, offrir une écoute sincère, partager des moments hors écran sont autant de gestes qui forgent la solidité d'une amitié, bien plus que l'accumulation de réactions numériques. Privilégier la qualité sur la quantité, c'est aussi accepter de n'entretenir que quelques liens sincères, plutôt que de se disperser dans une multitude de contacts sans substance.

En définitive, l'amitié à l'ère numérique nous invite à faire preuve de discernement et de vigilance. Il ne s'agit pas de rejeter en bloc les outils modernes de communication, mais de les remettre à leur juste place : celle d'un complément, et non d'un substitut à la vraie relation. Oser décrocher son téléphone pour entendre la voix de l'autre, proposer une rencontre en face à face, ou prendre le temps d'écrire une lettre sont autant de moyens de réaffirmer la valeur de la relation humaine. C'est dans cette attention consciente et choisie que l'amitié retrouve sa force, même à l'ère des réseaux et de l'instantanéité.

S'acheminer vers une amitié consciente et choisie commence par l'acceptation de la complexité inhérente à toute relation humaine. Comprendre l'amitié, c'est cesser de la rêver comme un idéal sans faille, et la regarder avec maturité, dans toute sa richesse et ses contradictions. Cela signifie reconnaître que l'ami, tout comme soi-même, porte en lui failles et limites : il ne sera jamais toujours présent, ni toujours parfait, ni infaillible dans son soutien. Accepter cette imperfection, c'est ouvrir la porte à une relation plus vraie, débarrassée des illusions qui, tôt ou tard, conduisent à la déception et à la frustration.

Cette lucidité nouvelle nous invite aussi à accepter la diversité des liens : certaines amitiés sont éphémères et n'avaient vocation qu'à nous accompagner un temps sur notre chemin, d'autres s'enracinent en profondeur et traversent les années, certaines nous élèvent et nous nourrissent, quand d'autres, hélas, peuvent nous blesser ou nous freiner. Il n'y a là aucune fatalité, mais simplement le mouvement naturel de la vie relationnelle. Refuser de s'accrocher coûte que coûte à des liens qui ne nous correspondent plus, ou qui nous font du mal, c'est faire preuve de respect envers soi-même tout autant qu'envers l'autre.

Ce regard lucide sur l'amitié permet, peu à peu, de mieux choisir les personnes que l'on souhaite voir occuper une place privilégiée dans sa vie. Il devient alors possible de s'entourer de personnes avec qui la réciprocité, le respect et la sincérité ne sont pas de vains mots, mais bien le socle de la relation. L'amitié consciente ne se construit pas sur des attentes irréalistes ou sur la peur de la solitude, mais sur la capacité de chacun à être soi-même, à accueillir l'autre dans sa différence, à poser ses limites et à exprimer ses besoins sans crainte d'être rejeté. C'est dans cette dynamique d'échange vrai que se développe la confiance, et que l'amitié peut s'épanouir pleinement.

Au fil des chapitres à venir, cette posture consciente et choisie sera le fil conducteur pour bâtir un cercle d'amitiés à la hauteur de tes aspirations profondes. Il ne s'agit plus de subir ses relations par habitude, par obligation ou par peur, mais de les cultiver en pleine connaissance de cause, avec discernement et bienveillance. Ainsi, l'amitié devient un espace de liberté, de croissance mutuelle et de joie partagée : un terreau fertile où chacun peut grandir, évoluer et s'épanouir, dans le respect de soi et de l'autre.

L'amitié, loin d'être un sentiment figé ou un simple confort social, est une aventure humaine, faite de hauts et de bas, de lumière et d'ombre. Prendre le temps d'analyser, de comprendre, de questionner ses propres liens, c'est déjà s'offrir la possibilité d'un renouveau. Il est temps de lever le masque, de regarder derrière le sourire, et de s'engager sur le chemin de l'amitié vraie.

Chapitre 2

Les Signes d'une Amitié Toxique

Une amitié toxique ne se dévoile pas toujours au premier regard. Souvent, elle avance masquée, dissimulant ses véritables intentions derrière des gestes d'affection, des souvenirs communs, ou des paroles rassurantes. Pourtant, à mesure que le temps passe, certains signes trahissent la nature malsaine de la relation. Savoir les identifier est un acte de lucidité et de protection : il ne s'agit pas de tomber dans la paranoïa, mais de développer une vigilance bienveillante envers soi-même. Ce chapitre propose de passer en revue les indices, parfois subtils, qui indiquent qu'une amitié, loin d'être un lieu d'épanouissement, est devenue un terrain d'aliénation ou de souffrance.

Comprendre ce qu'est une amitié toxique exige d'abord de dépasser les idées reçues : il ne s'agit pas d'une relation simplement traversée par des désaccords, des malentendus ou des périodes de distance. Tous les liens humains connaissent des moments de tension ou de vulnérabilité ; cela fait partie de la vie et n'entache en rien la valeur d'un attachement sincère. L'amitié toxique, en revanche, s'installe dans la durée et se reconnaît à son impact délétère sur ton bien-être, ton équilibre intérieur et ta confiance en toi. Il s'agit d'une relation où tu te sens, de façon répétée, diminué, nié ou manipulé, parfois sans même comprendre immédiatement ce qui t'arrive.

La toxicité peut prendre des formes très visibles, presque caricaturales : un ami qui ment, qui manipule, qui dénigre ou humilie en public ou en privé, qui fait preuve d'une jalousie maladive ou qui cherche systématiquement à te rabaisser pour se sentir supérieur. Dans ces cas-là, il est plus facile de mettre un mot sur ce que l'on vit, même si le passage à l'action (poser des limites, s'éloigner) reste difficile. Mais la plupart du temps, l'amitié toxique s'installe insidieusement, par petites touches et par des gestes anodins en apparence. Elle grignote peu à peu la confiance, l'énergie, l'élan de vie, jusqu'à ce que tu ne reconnaisses plus la personne que tu es devenu au contact de cet ami.

Les conséquences de ce type de relation peuvent être profondes et durables. Il ne s'agit pas seulement de ressentir une gêne passagère ou une frustration ponctuelle, mais bien d'un malaise qui s'enracine et qui, à la longue, mine l'estime de soi. L'amitié toxique peut générer des troubles anxieux, un sentiment d'isolement, voire une véritable dépression. On peut se surprendre à douter de sa propre valeur, à perdre de vue ses besoins et ses désirs, ou à vivre dans la peur constante de déplaire, de se tromper ou d'être abandonné.

Reconnaître la toxicité d'une amitié est donc une étape essentielle sur le chemin de la reconstruction de soi. Il s'agit de cesser de se culpabiliser ou de chercher en permanence à excuser l'autre, pour oser regarder lucidement la réalité de ce qui se joue dans la relation. Prendre conscience que l'amitié, loin d'être un espace de sécurité et de soutien, s'est transformée en une source de souffrance, c'est déjà se donner la possibilité d'agir. C'est poser le premier acte vers la libération d'un lien qui, au lieu de t'épanouir, t'entrave et t'empêche de grandir.

Lorsque tu ressens une fatigue inhabituelle après chaque interaction avec un ami, il est temps de t'interroger. Ce type d'épuisement va bien au-delà d'une simple lassitude : il s'agit souvent d'une fatigue émotionnelle profonde, d'un sentiment de tension ou même d'un malaise physique. L'ami toxique a tendance à accaparer l'attention, à monopoliser la conversation autour de ses propres problèmes, à t'entraîner dans ses drames personnels sans jamais prêter attention à tes propres émotions ou besoins. Au fil du temps, tu peux avoir l'impression d'être vidé, comme si toute ton énergie avait été aspirée pour alimenter les besoins inépuisables de l'autre.

Ce sentiment d'épuisement insidieux s'installe parce que la relation est déséquilibrée : tu donnes sans recevoir, tu écoutes sans être écouté, tu portes des poids qui ne t'appartiennent pas. Il ne s'agit plus d'un soutien mutuel, mais d'une dépendance émotionnelle où tu deviens l'éponge des angoisses et des frustrations de l'autre. Progressivement, tu peux ressentir une forme de lassitude à l'idée de le voir ou de lui parler, voire développer des symptômes psychosomatiques (maux de tête, troubles du sommeil, anxiété). Reconnaître ce signe est crucial, car il témoigne d'une atteinte à ton équilibre et à ta vitalité.

L'une des armes favorites de l'ami toxique est la critique dissimulée sous de bonnes intentions. Il ne se contente pas d'exprimer des opinions ou des conseils : il profite de chaque occasion pour souligner tes défauts, remettre en question tes choix ou minimiser tes réussites. Sous couvert de vouloir ton bien, il glisse des remarques blessantes, souvent enveloppées dans des mots doux ou des formules pseudo-bienveillantes : « Je te dis ça pour t'aider », « Tu sais que je tiens à toi, mais… ».

Sur la durée, ce mode de communication insidieux érode ta confiance en toi. Tu finis par douter de tes propres capacités, par te demander si tu es vraiment à la hauteur, ou par hésiter à t'affirmer dans tes choix de vie. La critique n'est plus constructive, mais destructrice : elle vise à te maintenir dans une forme de dépendance ou d'infériorité. L'ami toxique, loin de t'aider à grandir, entretient un climat de doute et de dévalorisation qui te freine dans ton épanouissement.

La jalousie est un autre signe récurrent dans les amitiés toxiques. L'ami toxique a du mal à supporter ta réussite, ton bonheur ou ton épanouissement, surtout si cela ne l'inclut pas directement. Il peut minimiser tes succès, les tourner en dérision, ou tout simplement les ignorer. Parfois, il cherche à te voler la vedette, à se mettre en avant dès que tu obtiens une reconnaissance ou que tu célèbres une victoire.

Cette rivalité s'accompagne souvent d'une possessivité excessive. L'ami toxique peut te reprocher de te rapprocher d'autres personnes, de t'investir dans de nouveaux projets, ou de t'éloigner de lui pour explorer d'autres horizons. Il interprète tes choix comme une trahison, ce qui génère un sentiment de culpabilité et d'isolement. Tu te retrouves alors dans une relation étouffante, où chaque pas vers ton propre épanouissement devient source de tension ou de conflit.

La manipulation est au cœur du fonctionnement d'une amitié toxique. L'ami toxique use de toutes les ficelles pour obtenir ce qu'il veut : il culpabilise. Il te dit parfois : « Si tu m'aimais vraiment, tu ferais ceci pour moi », fait appel à ta compassion, ou menace de couper les ponts si tu n'obéis pas à ses désirs. La relation devient un jeu de pouvoir, où tes besoins et ton libre arbitre passent systématiquement au second plan.

Ce climat de chantage émotionnel te place dans une position de prisonnier affectif. Tu crains de décevoir, de perdre l'amitié, ou d'être accusé d'ingratitude. Cette dynamique déséquilibrée empêche tout échange sincère et t'enferme dans un rôle d'exécutant ou de sauveur. Le coût émotionnel est élevé : tu sacrifies tes propres besoins et limites pour préserver une relation qui, au fond, te fait souffrir.

Dans une amitié saine, poser des limites est non seulement possible, mais encouragé. À l'inverse, l'ami toxique ne respecte pas tes refus. Chaque fois que tu essaies de dire non, il insiste, te fait sentir coupable ou passe outre ta décision. Tu te retrouves à accepter des situations ou des demandes qui ne te conviennent pas, simplement pour éviter le conflit ou la tension.

À force de voir tes limites piétinées, tu perds progressivement la capacité à les affirmer. Tu oublies tes propres besoins au profit de ceux de l'autre, tu t'effaces pour maintenir l'harmonie. Cette dynamique t'éloigne de toi-même et génère, à long terme, un sentiment d'impuissance ou de résignation. Retrouver le respect de tes limites est alors une étape essentielle pour restaurer ton intégrité et ton bien-être.

L'un des fondements de l'amitié véritable est la réciprocité : l'écoute, le soutien et l'attention circulent dans les deux sens. Dans une relation toxique, tu remarques vite que tout est à sens unique. Tu donnes, tu écoutes, tu consoles, mais tes propres joies, peines ou difficultés sont ignorées, banalisées ou minimisées. L'autre ne manifeste que peu d'intérêt pour ce que tu vis.

Cette absence de réciprocité crée un déséquilibre profond. Tu finis par te sentir invisible, nié dans tes besoins et tes émotions. La relation tourne alors à la servitude, où tu es sommé d'être toujours disponible mais où l'autre ne l'est jamais pour toi. Cette inégalité épuise et fragilise ton estime de toi, jusqu'à te faire douter de ta propre valeur.

L'ami toxique ne recule devant rien pour asseoir son pouvoir, y compris te rabaisser en public. Sous couvert d'humour ou de « blagues », il te ridiculise, te critique ou dévoile des aspects intimes de ta vie sans ton consentement. Ce comportement, s'il se répète, n'est jamais anodin : il vise à renforcer sa propre position tout en diminuant la tienne aux yeux des autres.

À la longue, ce dénigrement public abîme non seulement ta confiance en toi, mais aussi l'image que les autres peuvent avoir de toi. Tu peux ressentir un sentiment de honte, de colère ou d'impuissance, et développer une peur croissante de t'exprimer ou de t'affirmer en groupe. Ce type d'humiliation constitue une véritable atteinte à ta dignité et à ton intégrité.

Dans une amitié toxique, tu te sens obligé de masquer certains aspects de ta vie, de tes opinions ou de tes émotions. Tu redoutes la critique, la moquerie ou le rejet, et tu finis par pratiquer l'auto-censure. La relation, au lieu d'être un espace de liberté et d'authenticité, devient un lieu où tu dois constamment surveiller tes paroles et tes gestes.

Cette peur permanente d'être jugé t'éloigne de toi-même et de ce que tu es vraiment. Tu perds la spontanéité, la confiance, et tu t'enfermes dans un rôle qui ne te ressemble pas. L'ami toxique, par son attitude critique et intolérante, t'empêche de t'épanouir et de te sentir accepté dans ta singularité.

La confiance est la pierre angulaire de toute amitié. Dans une relation toxique, cette confiance est minée par les secrets, les demi-vérités ou les mensonges. L'ami toxique entretient volontairement le flou, cache des informations ou manipule la vérité pour mieux te garder sous son emprise ou contrôler la situation.

Cette absence de transparence rend la relation anxiogène et instable. Tu doutes de la sincérité de l'autre, tu te demandes ce qu'il cache, tu ressens un malaise croissant. La communication devient confuse, et tu as le sentiment de marcher sur des œufs. Ce climat délétère détruit peu à peu le socle de sécurité nécessaire à toute relation authentique.

Une autre caractéristique de l'ami toxique est son incapacité à reconnaître ses erreurs ou à s'excuser sincèrement. Lorsqu'un conflit survient ou qu'une remise en question s'impose, il se défausse, accuse l'autre, ou minimise la gravité de ses actes. Les excuses, lorsqu'elles existent, sont superficielles ou servent à obtenir un avantage.

Cette attitude rend toute évolution ou réparation impossible. Tu te retrouves à porter seul la charge des conflits, à chercher des solutions sans retour de l'autre. Ce refus de responsabilité bloque le dialogue, empêche l'apaisement et condamne la relation à la répétition des mêmes schémas destructeurs. Au fil du temps, tu perds confiance non seulement en l'autre, mais aussi en la possibilité d'une relation saine.

Vivre une amitié toxique n'est jamais anodin. C'est une expérience qui laisse des traces profondes, parfois durables, sur le plan psychologique, émotionnel, et même physique. L'une des premières conséquences est la baisse insidieuse de l'estime de soi. Lorsqu'on est régulièrement critiqué.e, rabaissé ou ridiculisé, on finit par intégrer le regard négatif de l'autre comme une vérité sur soi. Les doutes s'installent, la confiance en ses propres capacités et en sa valeur s'effrite, jusqu'à ce que l'on se sente incapable de prendre des décisions ou de s'affirmer dans d'autres sphères de sa vie. Cette érosion de l'image de soi peut prendre du temps à se reconstruire, même après la fin de la relation toxique.

L'impact émotionnel se traduit également par une anxiété et un stress constants. La peur de la réaction de l'ami toxique, l'anticipation des conflits, ou la crainte d'un nouveau reproche créent un état d'alerte permanent. On se surprend à peser chaque mot, à surveiller ses comportements, à s'adapter en permanence pour éviter le moindre dérapage. Cette tension, loin de s'apaiser avec le temps, s'installe comme une seconde peau et peut mener à des troubles du sommeil, des maux de tête, voire à des symptômes psychosomatiques plus graves. La relation, censée être source de réconfort et de sécurité, devient alors un lieu d'insécurité profonde.

Progressivement, ce climat anxiogène mène souvent à l'isolement. L'ami toxique, par ses manipulations ou sa possessivité, peut t'éloigner de ton entourage, te convaincre que tu es incompris par les autres, ou que tu ne peux compter que sur lui. Les liens familiaux ou amicaux s'effritent, les occasions de partager des moments joyeux se raréfient, et la solitude s'installe. Ce repli sur soi accentue encore la dépendance à la relation toxique, et rend la prise de recul de plus en plus difficile. On finit par croire que l'on ne mérite pas mieux, ou que toute autre relation sera vouée à l'échec.

Une autre conséquence majeure de l'amitié toxique est la culpabilité chronique. On se sent responsable du mal-être de l'autre, on culpabilise de ne pas être à la hauteur, d'avoir des limites ou de vouloir s'éloigner. Cette culpabilité, savamment entretenue par l'ami toxique, devient un frein à l'épanouissement personnel. Pire encore, par jalousie ou peur de te perdre, l'ami toxique peut tout faire pour saboter tes projets, tes rêves, ou tes ambitions. Il minimise tes victoires, décourage tes prises d'initiative, et sape toute tentative d'émancipation. À terme, tu peux perdre l'élan d'avancer, de croire en toi, et d'oser t'ouvrir à de nouvelles expériences. Les conséquences d'une telle relation sont profondes ; il est donc vital de les reconnaître pour s'en libérer et se reconstruire.

Reconnaître la toxicité d'une amitié n'est jamais une démarche facile, car elle heurte de plein fouet nos peurs, nos espoirs et nos valeurs les plus profondes. L'un des premiers obstacles à cette prise de conscience est la peur du vide relationnel. Pour beaucoup, il vaut mieux rester dans une relation insatisfaisante, voire douloureuse, que d'affronter la solitude. L'idée de se retrouver seul sans repères ni soutien, peut paraître insurmontable. Cette peur du vide nous pousse à minimiser la souffrance vécue, à justifier les agissements de l'autre ou à retarder le moment de la rupture, quitte à s'oublier soi-même dans le processus.

À cette peur s'ajoute la fidélité au passé. On s'accroche aux souvenirs heureux, aux moments de complicité et de rires partagés, à l'image de l'ami que l'on a connu autrefois. On se répète que « ça ira mieux », que cette période difficile n'est qu'une parenthèse, ou encore que l'autre finira par changer. Cette nostalgie du passé agit comme un baume temporaire sur nos blessures, mais elle entretient l'illusion qu'il suffit d'attendre ou de persévérer pour retrouver la beauté d'autrefois. On hésite alors à ouvrir les yeux sur la réalité présente, par loyauté envers l'histoire commune ou pour ne pas trahir ce que la relation a pu représenter.

La confusion entre empathie et sacrifice constitue un autre frein majeur. Par souci de bienveillance, par désir d'aider ou de sauver l'autre, on finit par tout supporter, tout excuser, même l'inacceptable. L'idée que l'amitié implique de se sacrifier, de tout endurer au nom de la fidélité, brouille les frontières entre altruisme et autodestruction. On accepte de porter les fardeaux de l'autre, de mettre ses propres besoins en veilleuse, persuadé que notre patience ou notre abnégation finiront par faire la différence. Cet engrenage, pourtant, ne fait qu'alimenter la spirale de la souffrance et retarde le moment crucial où il faudrait dire stop.

La honte et la culpabilité viennent souvent sceller ce cercle vicieux. Admettre que l'on s'est trompé, que l'on a été manipulé ou que l'on s'est trop investi sans retour, peut être difficile à accepter. On redoute le jugement des autres, ou pire, son propre regard. Cette honte pousse à se taire, à minimiser les faits, voire à se blâmer soi-même pour l'état de la relation. L'espoir de réparation, de voir la situation s'améliorer avec plus d'efforts ou de patience, sert d'alibi pour retarder la prise de décision. Tous ces mécanismes sont profondément humains : ils témoignent de notre capacité à aimer, à espérer, à croire en la bonté de l'autre. Mais ils peuvent aussi nous enfermer dans une souffrance silencieuse, jusqu'à ce que le besoin de se préserver devienne plus fort que la peur de perdre. Ouvrir les yeux n'est donc pas un acte d'égoïsme, mais un premier pas vers la liberté et la reconstruction de soi.

Voici un exercice pratique qui puisse t'aider à mettre en lumière la réalité d'une relation qui te questionne ou te trouble. Prends le temps de t'installer dans un endroit calme, avec de quoi écrire, et concentre-toi sur une amitié spécifique. Il ne s'agit pas ici de juger ou de condamner, mais d'observer et de clarifier, avec honnêteté et bienveillance, ce que tu ressens et ce que tu vis réellement. L'écriture a cette vertu de fixer les ressentis, de donner forme à ce qui, parfois, reste flou ou confus dans l'esprit.

Commence par interroger ton ressenti après chaque interaction avec cette personne. Que reste-t-il en toi une fois la conversation terminée ? Es-tu apaisé, dynamisé, ou au contraire, te sens-tu vidé, anxieux, irrité ? Ces émotions sont des signaux précieux : elles reflètent la manière dont la relation t'affecte, bien au-delà des mots échangés. Parfois, un malaise diffus s'installe, sans raison objective apparente ; il mérite toujours d'être écouté, car il traduit souvent un déséquilibre profond.

Demande-toi ensuite si tu te sens libre d'être toi-même. Es-tu authentique, ou as-tu l'impression de devoir jouer un rôle, de cacher certaines facettes de ta personnalité ou de tes opinions pour ne pas déplaire ? Une amitié saine est un espace de liberté, où tu n'as pas à porter de masque. Si tu ressens le besoin constant de te surveiller, de contrôler tes paroles ou de t'adapter, c'est le signe que la relation n'est pas totalement sécurisante pour toi.

Analyse aussi l'équilibre du lien : la relation t'apporte-t-elle globalement plus de joie que de tristesse ? Lorsque tu affirmes tes besoins ou poses tes limites, comment l'ami réagit-il ? Est-il à l'écoute, respectueux, ou bien cherche-t-il à te culpabiliser, à t'imposer ses vues, voire à ignorer tes demandes ?, regarde si tu portes seul la charge de la relation : es-tu toujours à l'initiative, celui ou celle qui donne, qui écoute, qui soutient, ou constates-tu une réciprocité réelle ?

Une fois tes réponses posées, prends un temps de recul avant de les relire. Laisse reposer tes émotions, puis reviens à tes écrits avec un regard neuf. Si un malaise persiste, si la tristesse, la frustration ou la lassitude dominent, cela peut être le signe qu'un travail de mise à distance, voire de rupture, s'impose. Ce n'est jamais facile de prendre ce genre de décision, mais il est essentiel de t'autoriser à choisir ce qui est bon pour toi, à préserver ton intégrité émotionnelle et à te donner la chance de créer des liens plus libres, authentiques et nourrissants. Ce chemin de clarification est un premier pas vers une vie relationnelle plus saine et plus alignée avec qui tu es vraiment.

Se demander si l'on peut changer une amitié toxique est une étape importante sur le chemin de la guérison relationnelle. Il existe des situations où la relation peut être transformée, à condition que les deux parties soient prêtes à faire un véritable travail sur elles-mêmes. Ce processus commence par un dialogue sincère et ouvert, où chacun peut exprimer ses ressentis, ses besoins et ses limites sans crainte d'être jugé ou rejeté. Il s'agit alors de sortir des non-dits, de nommer clairement ce qui fait souffrir, et d'écouter l'autre avec authenticité. Dans certains cas, le recours à une aide extérieure — qu'il s'agisse d'un médiateur, d'un thérapeute ou d'un conseiller — peut faciliter cette démarche, surtout si la communication est rompue ou si les blessures sont anciennes.

Cependant, il est essentiel de rester lucide : tout le monde n'est pas capable ou désireux de se remettre en question. Parfois, l'ami toxique refuse d'admettre sa part de responsabilité, nie les faits, ou réagit par la colère ou le déni. Il peut aussi arriver que même après de nombreux efforts, la dynamique destructrice persiste, malgré les promesses de changement ou les périodes d'accalmie. Il faut alors accepter que la volonté de sauver la relation ne peut reposer sur une seule personne, et que vouloir à tout prix réparer, c'est parfois continuer à s'exposer à la souffrance.

Prendre la décision de s'éloigner, voire de rompre définitivement une amitié toxique, n'est en rien un aveu d'échec. Au contraire, c'est un acte d'affirmation de soi et de respect de ses propres besoins. Dire stop, poser ses limites, choisir de se préserver, ce sont des gestes qui demandent du courage, car ils vont souvent à l'encontre de la peur du vide, de la fidélité au passé ou de la culpabilité. Mais ce choix de la distance est souvent le premier pas vers une vie plus épanouie, où l'on s'autorise à créer des liens plus équilibrés, plus nourrissants, et à retrouver confiance en ses propres ressentis.

Il faut se rappeler que chaque rupture, même douloureuse, est aussi une opportunité de croissance. Elle permet de mieux se connaître, de comprendre ce que l'on attend d'une amitié et de renforcer sa capacité à poser des limites à l'avenir. Se libérer d'une relation toxique, c'est se donner la chance de renaître à soi-même, de réapprendre à s'aimer, et d'ouvrir la porte à des relations plus saines et authentiques. C'est, au fond, un acte d'amour envers soi, qui prépare le terrain à de nouvelles amitiés, construites sur la confiance, le respect et la réciprocité.

Clara, 29 ans, témoigne d'un sentiment que beaucoup de personnes ayant vécu une amitié toxique partagent : la conviction profonde que l'autre est indispensable à son existence. Au début, son amie semblait incarner la compagne idéale : drôle, charismatique, toujours présente lors des moments de fête ou de partage. Cette apparente générosité et cette énergie débordante masquaient une réalité plus sournoise : la relation était à sens unique. Dès que Clara se retrouvait en difficulté ou avait besoin d'un réel soutien, son amie brillait par son absence ou détournait la conversation, ne laissant jamais de place à ses propres émotions ou besoins. Ce déséquilibre, longtemps invisible, a fini par s'imposer à Clara comme une évidence douloureuse.

Ce processus d'ouverture des yeux ne s'est pas fait du jour au lendemain. Clara a mis des mois à prendre conscience du schéma répétitif dans lequel elle était enfermée. À force de se sentir utilisée, ignorée ou éclipsée, elle a commencé à douter de la sincérité de leur lien. La prise de conscience est souvent un chemin semé de doutes, de culpabilité, mais aussi de petits déclics successifs qui, mis bout à bout, permettent d'oser regarder la réalité en face. Pour Clara, il a fallu du temps et beaucoup d'introspection pour accepter que cette amie, loin de la valoriser, l'empêchait de s'épanouir pleinement.

Ce n'est qu'après avoir pris la décision difficile de mettre de la distance que Clara a pu retrouver une forme de liberté intérieure. Respirer à nouveau, c'est pour elle retrouver le droit d'exister pleinement, sans avoir à jouer un rôle ou à s'effacer derrière l'éclat de l'autre. Ce témoignage met en lumière la force qu'il faut parfois mobiliser pour se libérer d'une amitié toxique, mais aussi la récompense immense qui en découle : la sensation de se retrouver soi-même, de redevenir acteur ou actrice de sa propre vie.

Le témoignage de Thomas, 34 ans, illustre quant à lui une autre facette de la toxicité amicale : le dénigrement déguisé en plaisanterie. Avec son meilleur ami d'enfance, les moqueries étaient monnaie courante, toujours sous couvert d'humour. Mais derrière chaque « blague », Thomas repartait le cœur lourd et l'estime de soi égratignée. Ce mécanisme, fréquent dans les relations toxiques, sape insidieusement la confiance et la dignité de l'autre. Il a fallu à Thomas du temps et du recul pour comprendre qu'il méritait mieux, que l'amitié ne devait jamais rimer avec humiliation ou rabaissement. Son cheminement prouve qu'il est possible de sortir des schémas destructeurs, et d'apprendre à se respecter pour attirer à soi des relations plus saines et bienveillantes.

Identifier une amitié toxique constitue une étape libératrice, mais c'est avant tout le point de départ d'un long processus de reconstruction personnelle. Prendre conscience que l'on a été enfermé dans une relation déséquilibrée ou destructrice ne suffit pas : il s'agit ensuite de trouver le courage de s'en libérer, de poser des actes concrets pour retrouver son intégrité émotionnelle. Cette démarche peut susciter des peurs, de la culpabilité, ou même une sensation de vertige face au vide laissé par l'amitié rompue. Pourtant, c'est dans ce moment de vulnérabilité que naît une nouvelle force intérieure, celle qui permet de se recentrer sur soi, d'écouter ses vrais besoins et de poser ses propres limites.

Se libérer d'une amitié toxique, c'est aussi accepter de traverser une période de deuil. Il faut faire le deuil du lien tel qu'on l'a idéalisé, des souvenirs heureux, mais aussi des illusions entretenues. Ce processus n'est pas linéaire : il alterne des phases de soulagement, parfois de doute, de nostalgie ou de colère. Durant cette période, il est essentiel de s'accorder de la bienveillance, de ne pas chercher à aller trop vite, et d'oser demander de l'aide si le besoin s'en fait sentir. Les proches, un thérapeute, ou des groupes de parole peuvent offrir un soutien précieux pour traverser ces étapes de fragilité.

La reconstruction de l'estime de soi représente un enjeu majeur après une amitié toxique. Il s'agit de réapprendre à se faire confiance, à s'écouter, à croire en sa légitimité à être respecté et aimé. Cela passe par des gestes simples, mais réparateurs : renouer avec ses passions, retrouver des relations sources de joie et d'authenticité, ou simplement prendre du temps pour soi. Petit à petit, la personne blessée par la toxicité de la relation retrouve sa voix, sa capacité d'affirmation, et sa propre lumière. Cette renaissance intérieure ouvre la porte à de nouveaux liens, plus équilibrés, plus sincères, où l'on se sent libre d'être pleinement soi-même.

Ainsi, reconnaître les signes d'une amitié toxique et oser s'en éloigner, c'est déjà reprendre le pouvoir sur sa vie relationnelle. C'est accepter de regarder la réalité en face, même lorsqu'elle bouscule nos certitudes ou ravive des blessures. Mais c'est aussi, et surtout, se donner la chance de bâtir un jour des amitiés où la confiance, le respect et la joie sont au rendez-vous. Le chemin vers la reconstruction n'est pas simple, mais il conduit vers une paix intérieure retrouvée et des relations qui nourrissent véritablement l'âme. Apprendre à se libérer du passé, c'est ouvrir un espace neuf où l'on peut, à nouveau, semer et récolter l'amitié sous son plus beau jour.

Chapitre 3

Pourquoi Restons-nous Attachés aux Faux Amis ?

Se rendre compte qu'une amitié est toxique est déjà un pas immense vers la liberté et la reconstruction. Pourtant, nombre de personnes, bien qu'ayant identifié la nocivité d'un lien, éprouvent les plus grandes difficultés à s'en défaire. Pourquoi est-il si complexe de tourner la page ? Quels sont les mécanismes psychologiques, émotionnels ou sociaux qui nous retiennent dans des relations qui nous font du mal ? Ce chapitre propose d'explorer en profondeur les racines de cet attachement paradoxal, afin de t'aider à comprendre, sans te juger, ce qui se joue en toi.

L'attachement à un faux ami puise souvent sa force dans le capital émotionnel accumulé au fil du temps. Les souvenirs heureux, les confidences partagées, les fous rires et même les épreuves traversées ensemble deviennent autant de pierres précieuses que l'on garde jalousement dans le coffre de la mémoire. Cette richesse émotionnelle donne à la relation une importance difficile à remettre en question, même lorsque la souffrance devient plus présente que la joie. On se surprend à repenser à ces moments de complicité, à idéaliser le passé, et à se demander si tout ne pourrait pas redevenir comme avant, si l'on faisait simplement preuve de patience ou de compréhension.

La nostalgie qui entoure ces souvenirs fonctionne comme un voile protecteur, nous empêchant parfois de voir la réalité actuelle de la relation. On se raccroche à l'idée que l'ami.e d'aujourd'hui pourrait redevenir celui ou celle que l'on a connu.e autrefois. Cette vision idéalisée entretient l'espoir et repousse le moment de la prise de décision, même lorsque l'évidence du mal-être s'impose. Ainsi, les souvenirs deviennent une sorte d'anesthésiant émotionnel, qui apaise momentanément la douleur, mais empêche de traiter la cause profonde du malaise.

Pourtant, il est essentiel de distinguer l'amour que l'on porte à ces souvenirs de l'acceptation de la souffrance présente. Aimer ce que l'on a vécu n'oblige personne à s'accrocher à une relation devenue destructrice. Les souvenirs positifs peuvent continuer à exister, indépendamment de la nature actuelle du lien. Prendre conscience que la nostalgie peut être un piège, c'est s'autoriser à regarder la situation avec lucidité et à faire des choix qui respectent ses besoins du moment.

En fin de compte, cette étape nécessite de l'honnêteté envers soi-même. Il s'agit d'accepter que le passé ait été beau, tout en reconnaissant que le présent ne l'est plus. Cela ne diminue en rien la valeur de ce qui a été partagé ; au contraire, cela permet d'honorer le passé tout en prenant soin de son avenir. Se libérer du poids de la nostalgie, c'est se donner la chance de construire de nouveaux souvenirs, dans des relations plus authentiques et respectueuses.

La solitude est l'une des plus grandes peurs humaines. Nous sommes des êtres sociaux, façonnés par le besoin d'appartenance et de connexion. Rompre une amitié, même toxique, fait surgir la crainte de se retrouver seul, privé de repères et de soutien. Cette perspective est d'autant plus angoissante que notre société valorise la vie en groupe, l'intégration sociale, et l'image de la personne entourée, dynamique et appréciée. La peur de la solitude agit ainsi comme un frein puissant, qui pousse à maintenir des liens, même insatisfaisants, simplement pour ne pas affronter le vide.

Cette peur est souvent accentuée par la crainte du regard des autres. Que vont-ils penser si je prends mes distances ? Vais-je passer pour quelqu'un de difficile, d'égoïste ou de froid ? L'inquiétude de décevoir, d'être jugé ou exclu du groupe renforce l'idée qu'il vaut mieux rester dans une relation toxique que de risquer l'isolement. Le jugement social agit comme une chape de plomb, pesant sur chaque tentative de prendre soin de soi.

Pourtant, il est important de rappeler que la solitude n'est pas nécessairement synonyme d'abandon ou d'échec. Elle peut constituer un espace de ressourcement, de retour à soi, et d'exploration de ses véritables besoins. Apprendre à apprivoiser la solitude, à la transformer en une alliée plutôt qu'en une ennemie, permet de gagner en liberté intérieure. C'est dans les moments de solitude choisie que l'on peut se reconnecter à son identité profonde, à ses désirs et à ses aspirations.

Finalement, affronter la peur de la solitude équivaut à s'offrir la possibilité de se reconstruire et de faire de la place à de nouvelles rencontres. C'est aussi comprendre que la qualité d'une relation prime sur la quantité : mieux vaut un cercle restreint et bienveillant que de nombreux liens superficiels ou toxiques. Traverser la solitude, même temporairement, ouvre la voie à des relations plus sincères et nourrissantes.

L'attachement à un faux ami puise également ses racines dans la force de l'habitude. Une relation, même insatisfaisante, offre un certain confort : elle est familière, prévisible, et fait partie de la routine. Le changement, lui, implique de l'inconnu, de l'incertitude, et parfois une période de chaos temporaire. Or, l'être humain préfère bien souvent le connu inconfortable au risque du changement, car la sécurité psychique prime sur l'épanouissement immédiat.

Au-delà de la simple habitude, nos schémas relationnels se construisent très tôt, dans l'enfance. Si tu as grandi dans un environnement où l'amour était conditionnel, où il fallait répondre aux attentes pour être accepté, tu risques de reproduire inconsciemment ces dynamiques à l'âge adulte. Cela peut se traduire par une tendance à accepter trop, à tolérer l'inacceptable, à confondre affection et sacrifice, ou à croire que la souffrance fait partie intégrante de l'amour ou de l'amitié.

Ce mécanisme d'attachement, que la psychologie décrit comme « attachement insécure », rend la rupture d'autant plus difficile. On reste prisonnier de schémas anciens, qui dictent notre façon de nous lier et de tolérer des comportements injustes. Il devient alors nécessaire de prendre conscience de l'origine de ces automatismes pour pouvoir les questionner et s'en libérer. Ce travail demande souvent du temps, de la patience, et parfois l'accompagnement d'un professionnel.

Briser la fidélité aux habitudes et aux schémas familiaux, c'est s'autoriser à écrire une nouvelle histoire relationnelle. Cela commence par un acte de conscience : reconnaître que l'on mérite mieux, que l'on a le droit de choisir des relations épanouissantes et respectueuses. Cette prise de recul permet d'initier un cercle vertueux, où chaque choix conscient contribue à la construction d'une vie relationnelle plus saine et harmonieuse.

Le syndrome du sauveur est une dynamique fréquente dans les amitiés toxiques. Certaines personnes, animées par une profonde empathie ou une blessure ancienne, se sentent investies d'une mission : sauver l'autre, le changer, le guérir de ses blessures. Cette posture est souvent valorisée par la société, qui érige en vertu la loyauté sans faille, la patience à toute épreuve et le dévouement total. On admire celui ou celle qui « ne lâche jamais un ami », quitte à s'oublier soi-même dans le processus.

Pourtant, ce rôle de sauveur mène trop souvent à l'épuisement, à la frustration, voire au ressentiment. À force de donner sans retour ou de supporter l'insupportable, on finit par se vider de son énergie, de sa joie de vivre, et parfois de son estime de soi. Le sauveur porte sur ses épaules une responsabilité qui ne devrait pas lui incomber : celle de la transformation de l'autre. Il s'épuise à attendre un changement qui ne vient pas, ou à combler des manques qui ne sont pas les siens.

Le piège principal du syndrome du sauveur, c'est la croyance que notre amour, notre patience ou notre dévouement suffiront à transformer l'autre. Or, il est illusoire de penser que l'on peut changer quelqu'un contre sa volonté. L'amitié véritable n'est pas un espace de sacrifice permanent, mais un lieu d'échange, de croissance mutuelle, où chacun est responsable de son propre cheminement. Accepter cela, c'est renoncer à une toute-puissance illusoire, et reconnaître ses propres limites.

Sortir du syndrome du sauveur, c'est réapprendre à poser des limites, à respecter ses besoins, et à accepter que l'on ne puisse pas tout pour l'autre. C'est aussi faire le deuil de l'image du sauveur, pour redevenir simplement soi, dans une relation d'égal à égal. Ce cheminement est libérateur : il permet de retrouver une énergie nouvelle, de restaurer l'estime de soi, et d'accueillir des amitiés plus équilibrées et nourrissantes.

Rester attaché à un faux ami n'est jamais un signe de faiblesse, mais le reflet de blessures profondes, de peurs légitimes, d'habitudes ancrées. En mettant de la lumière sur ces mécanismes, tu pourras peu à peu reprendre le pouvoir sur ta vie relationnelle. Le prochain chapitre sera consacré à l'impact de ces relations sur l'estime de soi et à la manière de guérir les blessures invisibles laissées par l'amitié toxique.

Chapitre 4

La Fausse Humilité – un Autre Masque dans l'Amitié

L'humilité est universellement valorisée : elle évoque la simplicité, la discrétion, la capacité à reconnaître ses limites et à s'ouvrir à l'autre sans arrogance. Mais il existe une forme d'humilité trompeuse, insidieuse, qui, sous couvert de modestie, cache parfois un profond manque de confiance en soi, une peur du rejet ou un besoin de manipuler le regard d'autrui. Cette « fausse humilité » est un masque subtil, difficile à déceler, qui peut empoisonner la relation à soi-même et aux autres. Ce chapitre t'invite à reconnaître, comprendre et dépasser ce mécanisme, pour favoriser des amitiés plus vraies, où chacun peut briller sans s'effacer, ni surjouer la modestie.

La fausse humilité est une posture qui consiste à dissimuler ou à minimiser ses qualités, ses compétences ou ses succès, non par véritable modestie, mais selon une stratégie souvent inconsciente. Cette attitude se manifeste fréquemment dans les interactions sociales, où l'on cherche à ne pas faire de vagues, à ne pas attirer l'attention sur soi ou à éviter d'être perçu comme prétentieux. Derrière cette apparente modestie se cache un mécanisme de protection, qui répond à des peurs profondes : peur de susciter la jalousie, d'être mal jugé, ou de se retrouver isolé. Il ne s'agit donc pas d'une simple réserve, mais d'un masque social qui vise à contrôler le regard des autres.

L'une des raisons majeures de l'adoption de la fausse humilité est la crainte d'attirer l'attention négative sur soi. Dans certaines cultures ou familles, le fait de briller ou de se mettre en avant est perçu comme déplacé, voire dangereux. On préfère alors s'effacer, minimiser ses talents, pour éviter d'être la cible de remarques désobligeantes ou de rivalités. Ce comportement peut aussi naître d'expériences passées : avoir été moqué, jalousé ou rejeté après avoir exprimé sa joie ou sa fierté peut inciter à rentrer dans le rang et à ne plus jamais afficher ses réussites.

La fausse humilité peut également servir à obtenir des bénéfices cachés, comme la réassurance ou les compliments. En se dévalorisant devant autrui, on espère souvent entendre : « Mais non, tu es formidable ! », ou recevoir des marques d'encouragement. Cette recherche de validation, bien que naturelle, peut devenir problématique si elle devient systématique et inconsciente, car elle entretient une forme de dépendance au regard extérieur. On en vient alors à ne plus savoir recevoir une reconnaissance sincère sans la remettre en question ou la refuser.

Il arrive aussi que certaines personnes recourent à la fausse humilité pour se protéger d'une éventuelle déception. En affirmant d'entrée de jeu qu'elles ne sont pas très douées ou qu'elles n'attendent pas grand-chose, elles se prémunissent contre l'échec : si la performance n'est pas au rendez-vous, elles pourront toujours dire qu'elles n'y croyaient pas vraiment. Ce mécanisme d'auto-handicap est une façon de préserver son estime de soi, mais il a pour effet pervers de limiter les prises de risques et l'audace.

Ainsi, il faut souligner que la fausse humilité est rarement un choix pleinement conscient. Elle est souvent le fruit d'apprentissages anciens, liés à l'enfance, à l'éducation ou aux normes sociales et religieuses qui valorisent l'effacement de soi. Grandir dans un environnement où l'affirmation personnelle est perçue comme un défaut, c'est intégrer dès le plus jeune âge que mieux vaut se faire petit que de risquer la critique. Ce masque, s'il protège dans un premier temps, finit par étouffer l'expression de soi et la reconnaissance de sa propre valeur.

Plusieurs indices permettent de repérer la fausse humilité chez soi ou chez les autres. Le plus visible est sans doute le dénigrement systématique, même face à des compliments sincères. Lorsqu'on refuse de reconnaître une qualité ou un succès, en s'excusant, en détournant la conversation ou en se moquant de soi-même, c'est souvent le signe que l'on n'arrive pas à accepter la reconnaissance. Cette attitude, à la longue, peut devenir agaçante pour l'entourage qui ne sait plus comment exprimer son admiration.

Un autre signe fréquent est le refus de toute mise en avant, même lorsqu'elle est justifiée. Refuser de prendre la parole, de recevoir une récompense, de se réjouir publiquement d'une réussite, sous prétexte de ne pas vouloir « faire de bruit », peut masquer un malaise profond avec la valeur personnelle. Derrière ce comportement se cache souvent la peur de décevoir ou de ne pas être à la hauteur des attentes.

La tendance à minimiser ses succès est également caractéristique de la fausse humilité. On attribue alors ses réussites au hasard, à la chance, ou à l'aide des autres, sans jamais accepter qu'elles soient le fruit de son propre talent ou de ses efforts. Ce réflexe, s'il protège de l'orgueil, prive aussi de la joie légitime que procure l'accomplissement. À force de nier sa part de mérite, on finit par douter de soi, même dans les moments de succès.

La comparaison constante à des personnes jugées plus brillantes ou plus compétentes est aussi révélatrice. Cette posture de dévalorisation empêche de savourer ses propres progrès, car il y aura toujours quelqu'un de « mieux ». Cela entretient un sentiment d'infériorité, qui pousse à rester en retrait et à ne jamais se sentir « assez ». Ce cercle vicieux nourrit la fausse humilité, qui devient alors un frein à l'épanouissement.

L'usage excessif de l'auto-dérision, jusqu'à l'auto-sabotage, est un signal fort. Si l'humour sur soi-même peut être sain, il devient problématique lorsqu'il sert à masquer un vrai malaise face à la reconnaissance. Prendre la fuite devant les compliments, détourner systématiquement la conversation lorsqu'il s'agit de ses qualités, sont autant de stratégies pour éviter d'affronter l'inconfort lié à l'estime de soi.

Contrairement à ce que l'on pourrait croire, la fausse humilité ne favorise pas l'intimité ou la proximité dans l'amitié, bien au contraire. L'un des premiers effets est la frustration ressentie par l'ami, qui voit ses compliments systématiquement rejetés ou minimisés. À force d'essayer de valoriser l'autre sans jamais recevoir de reconnaissance, la personne peut se lasser, perdre l'envie de partager ses ressentis positifs, ou se sentir impuissante à transmettre son affection.

La fausse humilité crée aussi un déséquilibre dans l'échange. L'ami qui cherche constamment à rassurer, à convaincre ou à réconforter se retrouve dans une posture de soutien inégal, voire d'épuisement émotionnel. Cette dynamique peut faire naître un sentiment d'obligation, où l'on se sent responsable du bien-être de l'autre, sans que la réciprocité soit présente. À long terme, cela fragilise la relation.

Les non-dits et les malentendus s'installent également : ne sachant plus comment valoriser la relation sans être repoussé, l'ami peut finir par se taire ou par douter de la sincérité du lien. La communication se charge de sous-entendus, de frustrations non exprimées, et la confiance s'en trouve érodée. Ce climat d'incertitude nuit à la spontanéité et à la simplicité des échanges.

La fausse humilité agit aussi comme un frein à l'intimité. Il devient difficile de partager ses réussites, ses joies, ou ses fiertés, sans craindre de blesser l'autre ou de passer pour prétentieux.se. L'amitié se réduit alors à la complicité dans les épreuves ou les difficultés, privant les deux parties de la richesse d'une relation équilibrée, capable d'accueillir aussi bien les peines que les victoires.

Ce masque peut conduire à l'auto-sabotage. À force de se convaincre que l'on ne mérite rien, que l'on n'est pas « si bien » que cela, on finit par ne plus oser demander, recevoir, ou même s'affirmer dans la relation. On se prive alors de la possibilité de bénéficier du soutien, de la reconnaissance et de l'amour que l'autre est prêt à offrir. Ce cercle vicieux enferme dans la solitude et l'insatisfaction, alors que l'ouverture à la reconnaissance pourrait tout changer.

L'humilité authentique est une qualité précieuse, bien différente de la fausse humilité. Elle consiste à avoir une vision lucide et équilibrée de soi, à reconnaître aussi bien ses forces que ses faiblesses, sans tomber ni dans l'arrogance ni dans l'auto-dénigrement. Cette humilité permet d'accueillir les compliments avec simplicité, sans les rejeter ni les amplifier, et d'accepter les critiques comme des occasions d'apprentissage, sans se sentir anéanti.

Une personne humble authentiquement sait célébrer ses réussites sans orgueil, mais aussi reconnaître ses limites sans honte. Elle n'a pas besoin de se mettre en avant, mais elle ne s'efface pas non plus. Elle accueille la reconnaissance des autres avec gratitude, sans chercher à la nier ni à la provoquer. Cette posture lui permet d'être en paix avec elle-même, et d'offrir aux autres un modèle d'équilibre et de maturité.

L'humilité véritable se manifeste également par l'ouverture à l'apprentissage et à la remise en question. Contrairement à la fausse humilité, qui redoute toute mise en lumière, l'humilité authentique voit dans chaque expérience, chaque rencontre, une occasion de grandir. Elle ne cherche pas à être parfaite, mais à s'améliorer, sans pression ni culpabilité. Cette attitude favorise la curiosité, la souplesse et la bienveillance envers soi-même et les autres.

Le plaisir de célébrer les talents, qu'ils soient les siens ou ceux des autres, fait aussi partie de l'humilité vraie. Loin de se sentir menacé par la réussite d'autrui, on peut alors l'honorer, l'encourager, et s'en réjouir sincèrement. De même, on peut partager ses propres réussites sans crainte de susciter l'envie ou la jalousie, car on ne cherche ni à dominer ni à se cacher.

À l'inverse, la fausse humilité est crispée, défensive, teintée de peur ou de besoin de contrôle. Elle refuse la reconnaissance, redoute la comparaison, et se nourrit de l'angoisse d'être mal perçu. Cette posture, loin d'apporter la paix intérieure, entretient la tension et l'insatisfaction. Apprendre à faire la différence entre ces deux formes d'humilité est essentiel pour vivre des relations authentiques et épanouissantes.

Les origines de la fausse humilité sont multiples et souvent profondément ancrées. Pour beaucoup, elle prend racine dans une éducation stricte, où l'expression de la fierté ou de la joie est perçue comme déplacée, voire condamnée. Les enfants apprennent tôt à ne pas se vanter, à ne pas se mettre en avant, sous peine de reproche ou de sanction. Cette injonction à l'effacement finit par s'inscrire dans l'inconscient, et persiste bien après l'enfance.

Les expériences de moquerie, de jalousie ou de rejet à la suite de l'expression de ses talents jouent aussi un rôle majeur. Lorsqu'un enfant ou un adolescent est ridiculisé pour avoir exprimé une réussite ou une émotion positive, il apprend à se méfier de toute manifestation de fierté. Pour éviter la souffrance, il préfère alors taire ou minimiser ses qualités, et se fondre dans la masse.

Le perfectionnisme intérieur est une autre source de fausse humilité. Lorsque l'on s'impose des standards très élevés, tout ce qui n'est pas « parfait » semble indigne d'être célébré. On préfère alors ne rien dire de ses accomplissements, de peur d'être démasqué comme imparfait. Cette exigence de perfection alimente le doute et empêche de savourer les progrès ou les succès, même modestes.

Les croyances culturelles ou religieuses sur la valeur de l'humilité et la dangerosité de l'orgueil renforcent ces mécanismes. Dans certains environnements, l'humilité est érigée en vertu suprême, tandis que toute expression de fierté est assimilée à de l'arrogance ou de l'égoïsme. Ces croyances, même si elles partent d'une intention noble, peuvent conduire à une négation de soi et à une difficulté à recevoir la reconnaissance.

Il ne faut pas négliger le désir inconscient de manipuler le regard de l'autre : en affichant une modestie excessive, on espère susciter l'admiration ou la protection, sans avoir à la demander ouvertement. Cette stratégie, si elle peut fonctionner à court terme, finit par créer de la confusion et de la distance dans les relations. Prendre conscience de ces racines permet d'amorcer un travail de libération et de réconciliation avec soi-même.

L'un des premiers pas pour sortir de la fausse humilité est d'apprendre à recevoir un compliment sans le rejeter ni le minimiser. Cela peut sembler anodin, mais pour beaucoup, c'est un vrai défi. La prochaine fois qu'un ami ou une connaissance te félicite ou souligne l'une de tes qualités, fais l'effort conscient de simplement répondre : « Merci, ça me touche que tu le remarques. » Cette phrase, simple et sincère, ouvre la porte à l'accueil de la reconnaissance sans détour ni fausse pudeur. Elle permet d'accepter que l'on puisse être vu et apprécié, sans que cela ne remette en cause sa modestie ou sa valeur personnelle.

Résister à la tentation de se déprécier ou de minimiser son mérite est un exercice de conscience. L'habitude est souvent bien ancrée : face à un compliment, on a tendance à répondre par une pirouette, à attribuer le mérite au hasard, à l'aide des autres, ou à se dévaloriser. Prendre le temps de faire une pause, de respirer et d'accueillir le compliment, même si cela semble inconfortable au début, est un entraînement précieux. Il ne s'agit pas de s'enorgueillir, mais simplement de reconnaître que l'on a touché ou inspiré quelqu'un.

Observer ce que cela provoque en soi est une étape essentielle de l'exercice. Est-ce de la gêne ? Du plaisir ? Une envie de fuir ? Peut-être même un sentiment d'imposture ou de malaise ? Noter ces ressentis dans un carnet, sans jugement, permet de mieux comprendre l'origine de ses réactions et d'installer progressivement une nouvelle manière d'être en relation. C'est en apprivoisant ces émotions qu'on peut commencer à s'ouvrir à la reconnaissance, à la laisser entrer sans la repousser.

L'exercice peut se prolonger en se remémorant les compliments passés, ceux qu'on a refusés ou minimisés, et en s'interrogeant sur ce qui aurait changé si on les avait reçus pleinement. Aurais-tu ressenti plus de confiance, plus de joie ? Peut-être aurais-tu permis à l'autre de se sentir valorisé dans son geste ? Prendre conscience de l'impact de la reconnaissance, pour soi et pour l'autre, aide à en mesurer la richesse et à s'y ouvrir davantage.

Il est possible de renforcer cette pratique en formulant soi-même des compliments sincères autour de soi. En encourageant les autres à reconnaître leurs qualités, on apprend à voir la valeur partout, y compris en soi. Ce cercle vertueux contribue à transformer la culture relationnelle et à faire de la reconnaissance un langage partagé, libéré des pièges de la fausse humilité.

Sortir de la fausse humilité passe aussi par la capacité à s'affirmer, à prendre sa place et à reconnaître ses propres mérites sans peur ni honte. Oser partager ses réussites, même modestes, c'est s'autoriser à exister pleinement dans la relation. Cela ne signifie pas se vanter ou chercher à écraser l'autre, mais simplement affirmer ce que l'on a accompli, ce dont on est fier, ce que l'on a surmonté. Cette expression sincère de soi nourrit l'estime personnelle et inspire les autres à en faire autant.

Exprimer ses besoins et ses désirs sans craindre d'être jugé est une autre étape essentielle. Beaucoup s'empêchent de demander de l'aide, de formuler un souhait ou une préférence, par peur de déranger ou de paraître exigeant. Or, s'affirmer, c'est reconnaître sa légitimité à exister, à avoir des envies, à poser des limites. C'est aussi offrir à l'autre la possibilité de mieux te connaître, de répondre à tes attentes et de renforcer la relation sur des bases authentiques.

Dire : « Je suis fier de ce que j'ai accompli », sans honte ni arrogance, est un acte puissant d'auto-reconnaissance. Cela ne retire rien à l'humilité, bien au contraire : reconnaître ses progrès, c'est aussi reconnaître le chemin parcouru, les efforts consentis, et les soutiens reçus. Cette affirmation de soi encourage un rapport plus équilibré à la réussite : on cesse de la fuir ou de la minimiser, et on l'accueille avec gratitude et lucidité.

S'affirmer sans crainte, c'est également accepter que tout le monde ne le fasse pas toujours de manière bienveillante. Certaines personnes pourront réagir par de l'envie, de la gêne ou de l'indifférence. Mais cela ne doit pas être un frein à l'expression de soi : ce qui compte, c'est la sincérité et l'intention qui sous-tendent la démarche. Plus on s'autorise à être soi-même, plus on attire autour de soi des relations authentiques, où chacun peut s'affirmer sans crainte d'être jugé.

En définitive, l'affirmation de soi ne s'oppose pas à l'humilité : elle la complète et l'équilibre. Être humble, ce n'est pas se rabaisser ni nier ses qualités, mais les accueillir avec justesse, en reconnaissant aussi bien ses forces que ses failles. C'est cette harmonie qui permet de vivre des relations saines, nourrissantes, et de se sentir pleinement à sa place, libre d'être reconnu et d'aimer sans réserve.

Le parcours de Sandrine, 35 ans, illustre parfaitement la transformation qui accompagne la sortie de la fausse humilité. Longtemps, elle s'est réfugiée derrière le masque de la modestie, répétant avec un sourire gêné qu'elle n'avait « rien de spécial » ou que ses réussites étaient anodines. Ses proches lui disaient qu'elle était « trop modeste », mais derrière cette apparence se cachait une réelle difficulté à croire en ses qualités. Ce doute constant a fini par teinter ses relations d'une certaine fatigue : à force de pratiquer l'auto-dérision, elle avait le sentiment de s'effacer, de ne jamais pouvoir simplement être elle-même, dans ses forces comme dans ses fragilités.

C'est en osant reconnaître, d'abord timidement, puis plus franchement, ses compétences et ses réussites que Sandrine a vu ses amitiés évoluer. Elle a compris que l'égalité dans la relation ne venait pas d'un effacement réciproque, mais d'une reconnaissance mutuelle. En acceptant ses talents, elle a permis à ses amis de faire de même, créant un climat où chacun pouvait partager ses fiertés sans crainte de blesser ou de paraître prétentieux. La relation s'est alors équilibrée : les échanges sont devenus plus vrais, plus profonds, et ses amitiés ont gagné en authenticité.

Sandrine a aussi constaté que le fait de moins recourir à l'auto-dérision lui apportait un apaisement. Là où l'humour sur soi-même servait auparavant de bouclier contre la gêne ou la peur du jugement, il est devenu un outil ponctuel, au lieu d'une carapace permanente. Cette évolution lui a permis de se sentir moins épuisée par le besoin de se justifier ou de détourner l'attention lorsqu'on la complimentait. Elle a découvert que recevoir la reconnaissance, loin de créer de la distance, ouvrait un espace de tendresse et de confiance, aussi bien pour elle que pour ses amis.

De son côté, Philippe, 31 ans, a longtemps cru que minimiser ses succès le rendait plus sympathique, plus accessible aux yeux de son entourage. Il pensait que l'effacement de ses réussites éviterait de créer de la jalousie ou de l'envie, et faciliterait la proximité. Mais il a été surpris le jour où ses amis lui ont confié qu'ils se sentaient en fait repoussés par cette attitude. En refusant systématiquement leurs compliments, en attribuant tout à la chance ou aux circonstances, il invalidait sans le vouloir leurs élans d'encouragement et d'affection. Cette prise de conscience a été un choc, mais aussi le point de départ d'un vrai travail sur lui-même.

Apprendre à accueillir les compliments a été, pour Philippe, une démarche difficile et inconfortable. Les premiers temps, il se sentait gêné, presque imposteur, lorsqu'il devait simplement dire merci. Mais il a découvert, petit à petit, la liberté qui naît de l'acceptation. En laissant ses amis exprimer leur admiration ou leur gratitude, il leur offrait la possibilité de se sentir utiles, entendus, présents dans la relation. Ce changement a desserré les tensions, permis à la confiance de grandir, et rendu les échanges plus vivants et plus sincères. Pour Philippe, la sortie de la fausse humilité a été un chemin vers plus de vérité, de simplicité et de joie partagée.

Porter le masque de la fausse humilité revient, sans toujours s'en rendre compte, à s'amputer d'une dimension essentielle de soi-même. Lorsqu'on refuse de reconnaître ses talents, ses qualités ou ses succès, on prive non seulement son entourage de la possibilité de les célébrer, mais on se prive aussi de la joie profonde qui naît de l'expression sincère de ce que l'on est. Se cacher derrière la modestie excessive, c'est éteindre une part de sa lumière intérieure, celle qui pourrait inspirer, encourager et rayonner autour de soi. Cette attitude, souvent adoptée par peur du jugement ou du rejet, finit par enfermer dans une posture de retenue constante, où l'on n'ose ni partager ses fiertés ni recevoir l'admiration légitime de ses proches.

La fausse humilité agit ainsi comme une barrière subtile mais puissante à l'authenticité. En minimisant ce que l'on est ou ce que l'on accomplit, on brouille le message envoyé à l'autre : il devient difficile de savoir ce que l'on ressent vraiment, ce que l'on pense ou ce que l'on désire. Cette dissimulation, même involontaire, crée de la distance et de l'incompréhension dans la relation. Les échanges perdent en transparence : on hésite à se dire les choses, on craint de blesser, on avance sur la pointe des pieds. Peu à peu, la spontanéité et la confiance s'érodent, et l'on se retrouve prisonnier d'un rôle qui ne correspond pas à sa véritable nature.

L'authenticité, au contraire, invite à reconnaître sa propre valeur tout en restant ouvert à l'autre. Elle ne consiste pas à s'imposer ou à se glorifier, mais à habiter pleinement sa singularité, en acceptant ses forces et ses failles. Être authentique, c'est oser dire : « Voilà ce que je suis, voilà ce que j'apporte, voilà ce que je ne sais pas encore ». C'est offrir à l'autre la possibilité de rencontrer un être vrai, nuancé, capable de se remettre en question sans tomber dans la dévalorisation. L'authenticité crée un terreau fertile pour la confiance, l'écoute et la croissance mutuelle.

En s'autorisant à briller, à partager ses réussites, à exprimer sa joie, on offre à l'autre un espace de permission à faire de même. On devient alors source d'inspiration, non par orgueil, mais par la force tranquille de l'exemple. La relation s'enrichit, gagne en intensité : chacun ose davantage partager ses projets, ses rêves, ses doutes aussi. L'authenticité n'est jamais unilatérale : elle invite l'autre à être vrai, à sortir des faux-semblants, à s'engager dans une relation vivante où l'on peut être célébré et soutenu tour à tour.

Au fond, la fausse humilité, loin d'être une simple question de modestie, est un frein à la liberté d'être soi. Elle maintient dans la peur, l'inhibition et la solitude, là où l'authenticité ouvre à la connexion, à la reconnaissance et à la joie d'exister pleinement. Choisir de quitter ce masque, c'est s'offrir la chance de vivre des relations plus profondes, plus sincères, et de laisser sa lumière éclairer le chemin de ceux qui nous entourent.

L'humilité juste est un art délicat, fait de discernement et d'équilibre. Elle ne consiste ni à s'effacer, ni à se mettre en avant, mais à se tenir debout dans la conscience paisible de ce que l'on est. Adopter cette forme d'humilité, c'est regarder la totalité de soi avec lucidité : voir ses forces, ses talents, ses réussites, sans chercher à les amplifier, mais aussi accueillir ses failles, ses doutes et ses limites, sans honte ni peur. C'est accepter l'idée que la valeur personnelle ne se mesure pas à l'aune de la perfection, mais à la capacité d'habiter pleinement son humanité.

Dans cette posture, il ne s'agit plus de rivaliser ou de se comparer, mais d'être en relation authentique avec soi et avec l'autre. L'humilité juste permet de se réjouir de ses progrès sans arrogance, de célébrer ses qualités sans crainte d'éclipser autrui, et d'accueillir les compliments avec gratitude plutôt qu'avec gêne. Elle invite à partager la lumière qui est en soi, non pour éblouir, mais pour inspirer : en osant être pleinement soi, on offre à l'autre le reflet de sa propre grandeur, et on l'encourage à faire de même.

Cette humilité équilibrée est aussi une porte ouverte à l'apprentissage et à la remise en question. Elle permet de reconnaître ses zones d'ombre sans se juger, d'accepter les critiques constructives comme des occasions de grandir, et de rester curieux face à l'inconnu. Elle n'est ni raide ni crispée, mais souple, vivante, en évolution : elle sait que l'on n'a jamais fini d'apprendre, de s'ajuster, de s'enrichir au contact des autres et de la vie.

La véritable liberté réside dans cette capacité à être soi, sans excès ni retenue, dans la gratitude et la simplicité. L'humilité juste libère de la peur du regard d'autrui, du besoin de validation ou de camouflage. Elle permet d'entrer dans la relation avec confiance, d'accueillir la reconnaissance sans s'y attacher, et de donner sans calcul. C'est dans cet espace que l'on peut goûter la joie profonde d'être aimé pour ce que l'on est, et non pour le rôle que l'on joue ou le masque que l'on porte.

Vers cette humilité juste, chaque pas compte : chaque reconnaissance acceptée, chaque réussite partagée, chaque geste de gratitude envers soi et envers les autres. C'est un chemin de liberté intérieure, de paix et d'authenticité, où l'on n'a plus peur de briller ni de s'effacer, mais simplement d'être pleinement, au milieu des autres, dans la lumière partagée de l'amitié et de la vie.

La fausse humilité est un masque subtil, mais libérer son authenticité passe aussi par le courage de le retirer. Ose reconnaître tes forces, accueillir la reconnaissance, célébrer tes réussites, et tu verras tes amitiés gagner en profondeur, en équilibre et en joie. Se donner le droit de briller, c'est aussi inviter l'autre à en faire autant, pour des liens où chacun peut être pleinement soi, sans crainte ni faux-semblant.

Chapitre 5

Les Blessures Invisibles

L'amitié, dans sa dimension la plus lumineuse, nourrit, élève, apaise. Mais lorsque le lien se dégrade, lorsque la bienveillance laisse place à la critique, à la manipulation ou à l'indifférence, il en résulte des blessures profondes, souvent silencieuses. Ces blessures ne laissent pas de traces visibles, mais elles rongent intérieurement, sapant la confiance en soi, altérant la perception de sa propre valeur. Ce chapitre propose d'explorer ces blessures invisibles, de comprendre comment une amitié toxique attaque l'estime de soi, et d'esquisser les premiers pas vers la reconstruction.

Comprendre l'estime de soi, c'est avant tout comprendre ce rapport intime et souvent mouvant que nous entretenons avec notre propre personne. L'estime de soi représente la valeur que l'on s'accorde, la perception profonde d'être digne d'amour, de respect, de considération et de bonheur. Elle ne se décrète pas : elle se construit progressivement, souvent dès les premières années de vie. Les regards, les mots et les gestes de nos parents, de nos éducateurs, puis de nos camarades jouent un rôle déterminant dans cette construction. Si l'enfant se sent accueilli, entendu, valorisé, il posera peu à peu les fondations d'une estime de soi solide. À l'inverse, les critiques constantes, l'indifférence ou le rejet peuvent fissurer ce socle et laisser des traces parfois durables.

À mesure que l'on grandit, l'estime de soi continue d'évoluer, influencée par les succès, les échecs, les encouragements mais aussi les humiliations ou les trahisons. Les expériences positives renforcent la confiance en ses capacités et la conviction d'être quelqu'un de valable. Au contraire, les expériences négatives répétées, en particulier dans les relations proches, peuvent éroder peu à peu cette estime. C'est un processus dynamique : un compliment sincère, un projet mené à bien ou une décision respectée peuvent réhausser l'estime de soi, tandis qu'une critique blessante, un échec non digéré ou une relation toxique peuvent la fragiliser.

Il est important de distinguer l'estime de soi de l'arrogance ou de la certitude excessive. Une bonne estime de soi n'implique pas de se croire supérieur aux autres, ni d'avoir réponse à tout. Au contraire, elle se manifeste par la capacité à reconnaître ses forces mais aussi ses faiblesses, à s'accepter dans son imperfection et à continuer de s'aimer malgré les difficultés. Elle permet d'accueillir les critiques constructives sans se sentir anéanti, de se remettre en question sans perdre confiance, et de persévérer sur son chemin personnel avec lucidité et bienveillance.

L'estime de soi agit ainsi comme un véritable socle intérieur. Elle influence de nombreux aspects de la vie : la façon dont on choisit ses relations, la manière dont on exprime ses besoins ou l'audace que l'on déploie pour réaliser ses rêves. Une estime de soi solide permet d'affirmer ses limites, de dire non lorsque c'est nécessaire, de quitter des situations qui ne nous conviennent pas. Elle offre une boussole intérieure précieuse, qui guide les choix et protège des relations destructrices. C'est pourquoi, avant même d'analyser l'impact d'une amitié toxique, il est essentiel de se pencher sur ce fondement : car c'est souvent là, dans la conscience de sa propre valeur, que réside la clé de la reconstruction.

Dans une amitié toxique, la critique ne se manifeste pas seulement par des remarques ponctuelles, mais par une constance dans la remise en question de ta valeur. L'ami toxique pointe inlassablement tes défauts, souligne tes erreurs, minimise tes réussites ou ridiculise tes rêves et aspirations. Ce climat de jugement permanent fait naître un doute insidieux en toi : tu te demandes si, finalement, il n'a pas raison, si tu n'es pas réellement « pas assez ». Ce doute, martelé quotidiennement, devient un poison qui s'infiltre dans ton identité. Petit à petit, tu finis par intégrer ces jugements à ton discours intérieur. Les propos de l'autre deviennent ta propre voix critique, et tu commences à t'auto-dévaloriser, à perdre confiance en tes compétences et en ta propre valeur. Ce processus est d'autant plus douloureux que, venant d'un ami, il prend la forme d'une « vérité objective ». La répétition de la critique transforme alors l'estime de soi en une terre stérile, où il devient difficile de faire germer la moindre confiance ou ambition.

Dans certaines amitiés toxiques, la solidarité cède la place à la compétition. Tout devient prétexte à comparer : qui a le meilleur travail, la plus belle vie sociale, les meilleurs résultats. L'ami toxique cherche à se positionner au-dessus, à rabaisser subtilement ou ouvertement ton parcours, tes succès, tes choix. Cette dynamique de comparaison constante crée un climat d'insécurité, où rien de ce que tu fais ne semble jamais suffisant ou digne d'être célébré. Si tu manques d'une estime de soi solide, tu risques de te sentir continuellement en échec ou inférieur. La comparaison détourne ton attention de tes propres progrès et te pousse à vivre dans l'ombre de l'autre, à te juger selon des critères qui ne sont pas les tiens. À la longue, ce mécanisme ronge la confiance en toi, et tu en viens à douter de ta propre singularité et de ta légitimité à t'épanouir selon tes propres valeurs.

Le rejet dans une amitié toxique ne se traduit pas toujours par des mots durs ou des disputes ouvertes. Parfois, il prend la forme d'une indifférence glaciale : ton ami.e ne répond plus à tes messages, ne t'invite plus, t'ignore en public ou ne prend jamais de nouvelles. Cette mise à l'écart, même silencieuse, envoie un message brutal : « Tu ne comptes pas pour moi. » L'être humain, profondément social, a besoin de sentir qu'il appartient à un groupe, qu'il est reconnu et apprécié. Lorsque cette appartenance est niée ou remise en cause, cela provoque une douleur profonde, un sentiment d'exclusion qui vient éroder la confiance en soi. On en vient à se demander ce que l'on a fait de mal, si l'on mérite vraiment d'être aimé ou considéré, et ce doute constant entame jour après jour l'estime de soi.

La culpabilisation est l'une des armes les plus redoutables dans les relations toxiques. L'ami toxique retourne habilement la situation pour que tu te sentes responsable de ses malheurs, de ses humeurs ou des conflits dans la relation. Il utilise des phrases qui te font douter de tes intentions et de ta bonté : « Si tu étais plus présent, je serais plus heureux », « Tu ne comprends jamais rien », « Tu es égoïste ». À force d'être confronté à ces accusations, tu finis par croire que tu n'es pas à la hauteur, que tu fais du mal sans le vouloir, que tu n'as pas le droit de poser des limites ou de défendre tes besoins. Cette culpabilité sourde s'installe en toi et t'empêche de t'affirmer ou de prendre soin de toi. Elle agit comme un poison lent, sapant chaque jour un peu plus ta capacité à t'aimer et à te respecter.

L'une des caractéristiques fréquentes d'une amitié toxique est son instabilité émotionnelle. L'ami toxique souffle le chaud et le froid : un jour, il t'adore, te couvre d'attention et de compliments ; le lendemain, il t'ignore, te rejette ou te critique sans raison apparente. Cette alternance de proximité et de distance, d'amour et de rejet, te plonge dans une insécurité affective profonde.

Face à cette imprévisibilité, tu es constamment sur le qui-vive, cherchant à comprendre ce que tu as bien pu faire de travers, essayant désespérément de regagner la faveur de l'autre. Ce climat anxiogène t'oblige à te remettre perpétuellement en question, à douter de ta valeur et à t'épuiser dans la quête d'une validation qui ne vient jamais. Cette montagne russe émotionnelle finit par fragiliser ton estime de soi, te laissant vidé de confiance et de sérénité.

Lorsque l'on a traversé une amitié toxique, il n'est pas rare de constater un véritable effritement de l'estime de soi. L'un des premiers symptômes qui doit alerter est la difficulté, voire l'incapacité, à exprimer son opinion. Tu te surprends à peser chaque mot, à t'auto-censurer, simplement par crainte d'être jugé ou rejeté par ton ami. Cette autocensure ne s'arrête pas à la parole : elle s'infiltre dans tes choix, tes envies, tes prises de position. Petit à petit, tu as l'impression de devoir te conformer à ce que l'autre attend de toi, de devoir endosser un rôle pour être accepté. Cette peur de déplaire, de ne pas être « suffisant », devient une véritable barrière à l'expression de ta personnalité authentique.

À cette difficulté à s'affirmer s'ajoute une anxiété latente, qui se manifeste dès que l'idée de contrarier ou de décevoir ton ami pointe le bout de son nez. Chaque désaccord, chaque prise de distance, chaque refus de participer à une activité devient source d'angoisse ou de culpabilité. Tu redoutes la réaction de l'autre, tu t'inquiètes de perdre la relation, et tu préfères souvent t'effacer plutôt que de risquer le conflit. Cette anxiété finit par s'installer dans la durée, te privant de la sérénité nécessaire pour faire des choix en accord avec tes besoins.

Un autre signal préoccupant est la tendance à minimiser tes réussites tout en amplifiant tes échecs. Dans une spirale de dévalorisation, tu as du mal à reconnaître tes qualités ou à célébrer tes victoires, même modestes. À l'inverse, le moindre faux pas, la moindre erreur, prend des proportions énormes dans ton esprit. Ce déséquilibre dans la perception de toi-même est nourri par les critiques de l'ami toxique, mais aussi par la voix intérieure qui, insidieusement, relaie ses jugements. Tu en viens à douter de ta valeur, à penser que tu ne mérites ni la reconnaissance ni l'attention positive.

Tu acceptes des comportements ou des paroles que tu n'aurais jamais tolérés auparavant : manque de respect, sarcasmes, manipulation, voire humiliations répétées. Tu finis par croire que tu es « en trop », inutile, voire indésirable. Cette sensation d'être « de trop » s'accompagne souvent d'une culpabilité profonde : tu culpabilises de vouloir t'éloigner, de poser des limites, ou tout simplement de vouloir prendre soin de toi. Ces symptômes ne sont pas une fatalité, mais des signaux d'alarme précieux. Ils t'invitent à tourner le regard vers toi, à reconnaître la blessure, et surtout, à entamer un chemin de réparation et de reconstruction de ton estime de soi. Prendre conscience de ces signes, c'est déjà un premier pas vers la guérison et l'affirmation de ta propre valeur.

Quand l'estime de soi est mise à mal par une amitié toxique, il devient extrêmement difficile d'envisager la possibilité d'un ailleurs, d'un mieux. La relation toxique façonne progressivement une conviction douloureuse : celle que tu ne trouveras jamais mieux, que tu ne mérites pas plus, que ta place est là, même si ce « là » te fait souffrir. Tu t'accroches alors à la moindre attention, au moindre signe d'affection, comme à une bouée dans un océan de doutes et de peurs. Cette croyance te pousse à accepter l'inacceptable, à tolérer la distance, la critique, voire le mépris, dans l'espoir de préserver ce lien qui, pourtant, t'éteint peu à peu.

Ce sentiment d'impuissance s'accentue à mesure que la relation perdure. Plus tu restes, plus ton estime de toi s'effrite. Tu t'habitues à la douleur, elle devient presque normale, et tu finis par te persuader que tu n'as pas vraiment le choix. La dépendance affective s'installe insidieusement : tu ne sais plus qui tu es en dehors du regard de l'autre, tu as besoin de son approbation pour te sentir exister, et tu crains par-dessus tout la rupture, même si elle semble salutaire. Tu deviens alors prêt.e à tous les compromis, parfois jusqu'à l'oubli total de tes propres besoins et désirs.

Ce cercle vicieux est entretenu par une dynamique subtile : plus tu restes dans la relation, plus tu te dévalorises ; plus tu te dévalorises, moins tu te sens capable de la quitter. Ce mécanisme auto-entretenu piège l'estime de soi dans une spirale descendante. Tu peux même en arriver à rationaliser la situation, à te dire que « ce n'est pas si grave », que « tu exagères », ou que « tu es trop sensible ». Ces tentatives de justification te maintiennent dans l'inaction et renforcent la dépendance.

Reconnaître ce mécanisme est un acte de lucidité et de courage. Il ne s'agit pas de se juger ou de se blâmer pour sa difficulté à partir, mais de comprendre que la dépendance affective n'est pas une fatalité. Elle est la conséquence d'une estime de soi blessée, et non le reflet de ta valeur véritable. Ta capacité à t'aimer, à te respecter, à te soutenir toi-même existe, même si elle semble enfouie. La première étape consiste donc à porter un regard bienveillant sur ton propre vécu, à accepter que tu mérites mieux, même si tu ne t'en sens pas encore capable. C'est ce regard intérieur, plus que toute approbation extérieure, qui te permettra de briser peu à peu le cercle vicieux et de reprendre le chemin de l'autonomie affective.

Les séquelles d'une amitié toxique ne disparaissent pas avec la simple rupture du lien. Les blessures, parfois profondes, continuent de façonner ton rapport aux autres et à toi-même, bien après que la relation soit terminée. L'une des conséquences majeures est la méfiance : après avoir été trahi, critiqué ou abandonné, tu as du mal à accorder ta confiance à de nouveaux amis. Chaque rencontre devient source d'inquiétude : et si l'histoire se répétait ? Tu scrutes les comportements, les mots, à la recherche de signes de duplicité ou de manipulation. Cette vigilance permanente épuise et rend difficile l'établissement de nouvelles relations sincères.

Face à ce risque, de nombreuses personnes choisissent, consciemment ou non, le repli sur soi. L'isolement devient un refuge, une manière de se protéger de la souffrance potentielle. On préfère la solitude à la possibilité d'être déçu à nouveau. Ce retrait progressif peut donner l'illusion d'un apaisement, mais il prive aussi de la chaleur, de la joie et du soutien qu'apporte une amitié authentique. À force d'éviter la proximité, tu risques de te couper de toute forme de lien affectif, renforçant ainsi le sentiment de solitude et d'incompréhension.

Parfois, ces cicatrices prennent la forme d'un scepticisme généralisé, voire d'un cynisme affiché. Tu te persuades que « l'amitié n'existe pas », que « les gens sont tous faux », et tu portes une armure d'indifférence pour ne plus jamais souffrir. Cette protection temporaire t'éloigne certes de la douleur, mais elle t'empêche aussi de vivre l'intimité et la complicité qui font la beauté des relations humaines. Le cynisme agit comme un anesthésiant : il gomme la peur, mais il efface aussi la possibilité de l'émerveillement et de la confiance retrouvée.

La blessure laissée par une amitié toxique peut engendrer des comportements d'auto-sabotage. Par peur de souffrir, tu repousses inconsciemment les personnes bienveillantes, tu testes leur patience, ou tu déclenches des conflits pour vérifier si elles resteront malgré tout. Ce mécanisme de défense, hérité des anciennes douleurs, nuit à la possibilité d'établir des liens sains et durables. Reconnaître ces impacts à long terme, c'est déjà commencer à s'en libérer : cela permet d'ouvrir un espace de réparation, de réconciliation avec soi-même, et d'espoir envers de futures amitiés plus lumineuses.

Restaurer son estime de soi après une amitié toxique demande du temps, de la douceur, mais aussi des actions concrètes. L'exercice proposé ici vise à te reconnecter à ta propre valeur, à travers une démarche simple mais profondément réparatrice. Prends un moment pour t'installer dans un espace calme, muni d'une feuille et d'un stylo. Commence par lister dix qualités, compétences ou valeurs qui te définissent, même si elles te semblent modestes ou ordinaires. Il peut s'agir de ton empathie, de ton humour, de ta créativité, de ta capacité à écouter, de ta persévérance, de ta générosité, de ton honnêteté, de ton sens de la justice, de ta capacité à encourager les autres ou de ton adaptabilité. L'important est de ne pas te censurer : chaque qualité compte, même si elle n'a pas toujours été reconnue par ton entourage.

Une fois cette liste dressée, prends le temps de t'arrêter sur chaque mot. Pour chaque qualité ou compétence, cherche dans ta mémoire un moment – même infime – où tu l'as manifestée. Souviens-toi de cette fois où tu as consolé un ami en détresse, où tu as fait rire un groupe malgré la tension, où tu as fait preuve d'honnêteté dans une situation difficile ou où tu as persévéré malgré les obstacles. Cela peut être un souvenir d'enfance, une expérience professionnelle ou un petit geste du quotidien. L'objectif est de relier chaque mot à une réalité vécue, de sortir de l'abstraction pour ancrer ta valeur dans des faits tangibles.

Ce processus a un double effet. D'une part, il te permet de reconsidérer ton histoire sous un angle positif, de te rappeler que tu as toujours été porteur.se de richesses, même si l'autre n'a pas su ou voulu les voir. D'autre part, il t'aide à déplacer ton regard de l'extérieur vers l'intérieur : tu cesses de te définir à travers le jugement d'un(e) ami(e) toxique pour te recentrer sur ta propre expérience, sur ce qui fait ta singularité. Relire cette liste chaque matin, pendant une semaine, agit comme un soin de l'âme : tu t'offres chaque jour la preuve concrète de ta valeur, tu réhabitues ton esprit à reconnaître tes forces et tu renforces peu à peu les fondations de ton estime de toi.

Cet exercice, s'il est mené avec sincérité, amorce un véritable rééquilibrage intérieur. Peu à peu, tu te détaches du poids du regard de l'(ex-)ami, tu apprends à t'apprécier pour ce que tu es, indépendamment des critiques ou de l'indifférence subies. Tu réalises que tu n'as pas besoin de l'approbation d'autrui pour exister, et que ta valeur est intrinsèque, inaliénable. Ce travail, humble mais puissant, marque le début d'un chemin de réparation : il t'invite à reprendre contact avec ta lumière intérieure, à t'autoriser à briller de nouveau, et à envisager l'avenir avec davantage de confiance et de bienveillance envers toi-même.

Le témoignage de Lucie, 31 ans, incarne parfaitement le lent processus d'effritement de l'estime de soi sous l'effet d'une relation toxique. Pendant des années, elle a porté le poids des remarques désobligeantes, des critiques insidieuses, jusqu'à intégrer le doute au plus profond d'elle-même. Convaincue de ne pas être « une bonne amie », elle a fini par se remettre perpétuellement en question, surinterprétant le moindre reproche comme la preuve d'un défaut fondamental. Cette lente érosion, typique des relations toxiques, enferme la personne dans un sentiment de culpabilité et d'insuffisance qui la prive de toute confiance en elle.

Ce n'est qu'avec le temps et la distance que Lucie est parvenue à distinguer la source réelle de son mal-être. Elle a compris que le problème ne venait pas d'une prétendue incapacité à aimer ou à être aimée, mais de la dynamique malsaine instillée par l'ami toxique. Cette prise de conscience libératrice marque souvent le début d'un chemin de reconstruction. Lucie a commencé à se défaire de l'idée que tout reposait sur ses épaules, à reconnaître que la toxicité du lien venait aussi de l'autre, de ses propres fragilités, attentes ou manipulations.

La reconstruction de l'estime de soi n'est cependant jamais instantanée. Lucie a choisi de s'entourer de personnes bienveillantes, capables de l'accueillir sans jugement et de lui offrir une écoute authentique. Ce nouveau cercle relationnel agit comme un baume, lui permettant de réapprendre à faire confiance, à s'exprimer librement, à célébrer ses qualités sans crainte d'être rabaissée. C'est dans la douceur de ces nouvelles amitiés que Lucie retrouve peu à peu sa voix et sa valeur, pas à pas, sans se presser, en acceptant les hauts et les bas du processus.

Le parcours de Karim, 39 ans, résonne lui aussi avec cette logique de dépendance au regard de l'autre. Son estime de lui-même était longtemps conditionnée à la validation de ses amis : il avait besoin de leur approbation pour se sentir légitime, digne d'intérêt ou d'affection. Lorsque la rupture avec ses amis toxiques est survenue, il a traversé une période de vide, d'incertitude, marquée par la solitude et le doute. Mais ce passage difficile lui a aussi permis de se découvrir des ressources insoupçonnées. Face à l'absence de repères extérieurs, Karim a appris à se tourner vers lui-même, à puiser dans ses propres forces, à s'accorder confiance et bienveillance sans attendre l'assentiment d'autrui. Cette traversée du désert, douloureuse mais nécessaire, lui a ouvert la voie d'une estime de soi plus autonome et authentique, fondée non plus sur le regard des autres, mais sur la reconnaissance de sa propre valeur.

La reconstruction de l'estime de soi après une amitié toxique est un chemin exigeant, mais également porteur d'espoir et de renouveau. L'une des premières étapes consiste à revoir son environnement relationnel, à s'entourer consciemment de personnes positives. Il ne s'agit pas nécessairement d'avoir un grand cercle d'amis, mais de privilégier la qualité à la quantité : rechercher la compagnie de ceux qui encouragent, soutiennent et valorisent, même dans les moments de doute ou de fragilité. Ces relations bienveillantes agissent comme des miroirs positifs, permettant de se voir avec plus de douceur et d'objectivité. Elles offrent un espace sécurisant où l'on peut s'exprimer sans crainte du jugement, retrouver peu à peu confiance en soi et renouer avec le plaisir de partager de vrais moments d'amitié.

Prendre soin de soi, dans toutes ses dimensions, est une autre clé essentielle. Cela passe par l'attention portée à son corps : adopter une hygiène de vie équilibrée, bouger régulièrement, manger sainement, respecter ses besoins de repos. Mais il est tout aussi important de prendre soin de ses émotions : apprendre à reconnaître ce que l'on ressent, à ne pas minimiser sa tristesse ou sa colère, à accueillir ses peurs et ses envies. S'accorder le droit d'écouter ses besoins fondamentaux – qu'il s'agisse de solitude, de tendresse, d'intimité, ou au contraire d'espace et de liberté – est une façon concrète de se réapproprier son existence et d'envoyer à son esprit un message fort : « je mérite de prendre soin de moi ».

Apprendre à dire non et à poser des limites, sans culpabilité, est une étape cruciale pour restaurer l'estime de soi. Après une amitié toxique, il est fréquent de se sentir « obligé » de tout accepter ou de craindre le rejet en cas de refus. Or, la capacité à dire non, à exprimer ses limites, est le socle d'une relation saine avec soi-même et avec les autres. Cela demande de la pratique, parfois des essais et des erreurs, mais chaque fois que tu poses une limite, tu renforces ton sentiment de légitimité et d'autonomie. C'est en osant affirmer tes besoins que tu te rappelles que tu es digne de respect, et que la bienveillance que tu offres aux autres, tu as aussi le droit de te l'accorder.

Il est essentiel de se rappeler, chaque jour, que tu mérites le respect, l'amour et la bienveillance, sans condition. Cette conviction ne se construit pas en un jour, surtout si la blessure est profonde. Parfois, il est nécessaire de se faire accompagner : un thérapeute, un coach ou un groupe de parole peuvent offrir un espace de soutien, d'écoute et de reconstruction. Accepter de demander de l'aide n'est pas un aveu de faiblesse, mais une preuve de maturité et de courage. Peu à peu, à travers ce cheminement, tu pourras réapprivoiser la confiance en toi, retrouver ta valeur intrinsèque, et ouvrir la porte à des amitiés plus saines et plus lumineuses.

La guérison après une amitié toxique est un processus délicat qui ne suit jamais une trajectoire parfaitement droite. Il peut arriver que tu ressentes des vagues de tristesse, de regrets ou même de nostalgie pour les moments heureux que tu as partagés, malgré la toxicité du lien. Parfois, des doutes surgissent : as-tu bien fait de t'éloigner ? Es-tu vraiment capable d'entretenir des relations saines ? Il est fréquent aussi de retomber dans de vieux schémas, de ressentir à nouveau la tentation de te dévaloriser ou de céder à la culpabilité. Ces fluctuations sont naturelles : elles ne signifient pas que tu recules, mais simplement que le chemin de la reconstruction est fait de cycles, d'avancées et de replis, comme toute cicatrisation profonde.

Face à ces hauts et ces bas, il est essentiel de faire preuve de patience et de douceur envers toi-même. Chaque prise de conscience, chaque moment où tu choisis l'auto-respect, chaque fois où tu parviens à poser une limite ou à reconnaître ta propre valeur, est une victoire – même si elle te semble minuscule sur le moment. Accorde-toi la même bienveillance que tu offrirais à un ami cher traversant une épreuve : célèbre tes progrès, pardonne-toi tes hésitations, et rappelle-toi que la guérison est une succession de petits pas, jamais un sprint. Le temps, allié à la patience, te permettra peu à peu de reconstruire une estime de toi solide et sereine, capable d'accueillir de nouvelles relations plus épanouissantes.

Les blessures invisibles laissées par une amitié toxique sont parfois plus profondes que celles causées par des relations amoureuses ou familiales. Elles touchent le cœur de notre identité, de notre capacité à aimer et à être aimé. Mais il est possible de guérir, de restaurer l'estime de soi, d'apprendre à se choisir à nouveau.

Chapitre 6

Apprendre à s'Écouter

L'amitié authentique se construit sur la base d'un respect mutuel – respect de l'autre, bien sûr, mais aussi respect de soi. Or, dans le tumulte des relations, il est fréquent de s'oublier, de s'adapter, de faire passer les besoins d'autrui avant les siens propres, au point de se perdre de vue. Apprendre à s'écouter est pourtant l'un des plus grands défis – et des plus beaux cadeaux – que l'on puisse se faire. Ce chapitre vise à explorer pourquoi il est si difficile d'entendre et d'honorer ses limites et comment s'engager sur le chemin de l'auto-respect, condition première d'une vie relationnelle épanouie.

L'éducation, la culture et les expériences passées façonnent notre rapport à nos propres besoins. Dès l'enfance, on valorise souvent l'altruisme, le don de soi, la générosité, au détriment de l'affirmation personnelle. « Il faut partager, il ne faut pas être égoïste », entend-on régulièrement. Cette injonction, si elle n'est pas nuancée, peut conduire à une confusion entre générosité et auto-effacement.

Dans certaines familles ou contextes culturels, exprimer ses besoins, dire non, poser des limites est vécu comme une trahison, une marque d'égoïsme ou de froideur. On apprend alors à se taire, à s'adapter, à deviner ce que l'autre attend, à anticiper ses réactions. Cette posture, si elle devient automatique, s'installe jusque dans l'amitié adulte : on donne sans compter, on écoute sans être écouté, on supporte sans broncher.

Or, une générosité qui s'exerce au prix de soi-même finit inévitablement par engendrer frustration, colère, voire ressentiment. S'oublier n'est pas aimer : c'est se nier.

Écouter ses besoins est un acte fondamental d'auto-respect, souvent mal compris ou confondu avec de l'égoïsme. Pourtant, il s'agit avant tout de reconnaître que nous sommes des êtres humains, traversés par des limites, des envies, des vulnérabilités. Ce n'est pas se refermer sur soi ou tout vouloir pour soi, mais accepter que notre bien-être ne puisse être sacrifié en permanence sur l'autel de la paix sociale ou de la peur de décevoir l'autre. Écouter ses besoins, c'est s'autoriser à ressentir l'ensemble de notre palette émotionnelle : la fatigue qui appelle le repos, la tristesse qui réclame du réconfort, la déception qui invite à l'introspection, la joie qui nous donne envie de partager, l'enthousiasme qui nous pousse à entreprendre. C'est renoncer à censurer ses élans ou ses faiblesses sous prétexte de ne pas perturber l'équilibre d'une relation ou de craindre le rejet.

Dans la pratique, écouter ses besoins commence par un questionnement honnête avant chaque engagement : quand tu reçois une invitation, une demande de service ou une proposition, prends un instant pour te demander si cela correspond vraiment à ce que tu désires ou à ce que tu es capable de donner à cet instant. Ce petit temps de pause évite bien des frustrations et des regrets. Il s'agit aussi d'apprendre à reconnaître les signaux d'alerte que t'envoie ton corps ou ton esprit : la tension dans la nuque, une boule au ventre, une lassitude persistante ou une colère sourde sont souvent les premiers messagers d'un besoin négligé. Plutôt que d'ignorer ces signaux ou de les minimiser, il est essentiel de leur accorder de l'attention, de leur donner une place dans tes choix quotidiens.

Accueillir ses limites sans honte est un autre pilier de cette écoute de soi. Il n'y a rien de honteux à être fatigué, à avoir besoin d'être seul, à ne pas vouloir s'engager dans une activité, ou à refuser une invitation : cela prouve simplement que tu es à l'écoute de tes ressources et que tu refuses de te mettre en danger pour satisfaire les attentes des autres. L'acceptation de tes limites te protège de l'épuisement, du ressentiment et du faux-self, ce masque que l'on enfile pour être aimé au détriment de sa vérité intérieure. Cette acceptation est aussi un formidable modèle d'authenticité pour les autres, qui s'autorisent à leur tour à respecter leurs propres besoins.

Écouter ses besoins implique de s'autoriser à changer d'avis, à demander du temps ou de l'espace, à refuser sans culpabilité. Cela signifie que tu n'as pas à être toujours disponible, à tout comprendre, à tout régler. Il s'agit d'un geste de bienveillance envers soi-même, d'une invitation à vivre en accord avec ta vérité du moment. S'écouter, c'est prendre soin de la relation la plus importante de ta vie : celle que tu entretiens avec toi-même. C'est te rappeler que ton bien-être et ta paix intérieure sont les fondations sur lesquelles toutes tes autres relations pourront s'épanouir, dans l'authenticité et le respect mutuel.

Les limites relationnelles sont souvent perçues à tort comme une simple affaire d'espace physique ou de distance matérielle, alors qu'elles englobent une multitude de dimensions qui façonnent nos interactions et notre bien-être. Les limites temporelles, par exemple, sont fondamentales : il s'agit de déterminer combien de temps tu es prêt(e) à consacrer à une relation, à une activité commune ou à des échanges. Peut-être as-tu besoin de moments réguliers de solitude, ou préfères-tu voir tes amis moins souvent, mais de façon plus intense et qualitative. Respecter cette temporalité personnelle évite l'épuisement et le sentiment de devoir « être là » en permanence, ce qui peut générer frustration et ressentiment si cela n'est pas aligné avec tes besoins profonds.

Les limites émotionnelles jouent un rôle tout aussi central : elles te permettent de définir jusqu'où tu es capable d'écouter, de soutenir, d'accueillir la souffrance ou la colère de l'autre. Il est sain de reconnaître que tu n'es pas toujours disponible pour endosser les problématiques de ceux qui t'entourent, que tu as le droit de te protéger émotionnellement lorsque tu sens que la charge devient trop lourde. Poser une limite émotionnelle, ce n'est pas se désengager ou manquer d'empathie : c'est simplement préserver ton équilibre intérieur, pour pouvoir rester présent(e) à l'autre sans te perdre ni t'épuiser.

Les limites physiques, quant à elles, touchent à la gestion de l'espace personnel, du rythme, du repos. Peut-être ressens-tu le besoin d'être seul(e) de temps à autre, ou tu éprouves des difficultés avec le contact physique, ou encore tu as besoin de temps pour te ressourcer après des interactions intenses. Il est essentiel de t'autoriser à exprimer ces besoins, même s'ils ne correspondent pas aux attentes ou aux habitudes de ton entourage. De même, les limites morales ou éthiques sont cruciales : il est important de te demander si tu partages les valeurs, les principes, les visions du monde portés par tes amis. Si une amitié te pousse à agir à l'encontre de ton intégrité ou de tes convictions, il est légitime de poser une limite pour te protéger.

D'autres formes de limites concernent la sphère de l'intimité et du matériel. Les limites en matière de confidences sont souvent négligées, alors qu'il est fondamental de t'interroger sur ton aisance à partager certains aspects de ta vie, et de refuser toute pression à dévoiler plus que tu ne le souhaites. De la même façon, les limites matérielles

– qu'il s'agisse de prêter de l'argent, du temps, de l'aide ou des objets – sont à respecter pour éviter les sentiments de gêne ou de contrainte. Chacune de ces limites est profondément légitime. Les reconnaître, les définir et les exprimer, c'est te donner la possibilité de vivre des amitiés plus équilibrées, plus authentiques, où chacun peut s'épanouir sans se sentir envahi ou sacrifié. C'est aussi un acte de respect envers soi-même et envers l'autre, qui permet à la relation de grandir sur des bases saines, claires et durables.

L'un des premiers obstacles à l'expression de nos limites est la peur de décevoir ou de blesser l'autre. Dans l'amitié, l'attachement à la relation est si fort que l'on préfère souvent taire ses besoins plutôt que de risquer de voir l'autre se sentir rejeté, ou pire, fâché contre nous. Cette crainte est d'autant plus vive si l'on a déjà vécu des situations où l'affirmation de soi a entraîné des reproches, de la distance ou des ruptures. On en vient alors à anticiper la réaction de l'ami, à imaginer ses déceptions ou sa tristesse, et l'on préfère porter seul ce malaise plutôt que de risquer d'abimer le lien. Cette tendance à la sur-responsabilisation de l'autre freine l'écoute de soi et l'expression de ses propres limites.

La peur du conflit est aussi un frein très puissant. Pour beaucoup, affirmer une limite, c'est s'exposer au désaccord, à la dispute, voire à la rupture. Le conflit est perçu comme une menace à l'harmonie du lien, et l'idée même de s'y confronter provoque une angoisse profonde. On préfère alors s'effacer, céder, ou se taire, pour éviter toute tension. Pourtant, à force de refuser l'affrontement, on accumule du ressentiment, de la frustration, ce qui finit par rendre la relation toxique ou insatisfaisante. Le paradoxe, c'est que vouloir éviter le conflit à tout prix, c'est souvent s'exposer à des ruptures encore plus douloureuses, car non anticipées et nourries de non-dits.

Une autre croyance fréquente est que l'amour ou l'amitié véritable exige le sacrifice sans condition. On se persuade qu'un « vrai ami » doit toujours être là, toujours disponible, prêt à s'oublier pour l'autre. Cette vision idéalisée de l'amitié est souvent renforcée par des modèles familiaux ou culturels, où le don de soi est valorisé, parfois même au détriment de l'équilibre personnel. On en conclut que poser une limite, c'est manquer d'altruisme ou de générosité, alors qu'il s'agit simplement de respect de soi.

Cette croyance, si elle n'est pas remise en question, conduit à l'épuisement, à la rancœur, et finit par nuire à la relation elle-même.

Le manque de modèle joue un rôle considérable. Si, dans notre histoire, nous n'avons jamais vu nos proches poser des limites clairement, si l'on a grandi dans un environnement où chacun envahissait l'espace de l'autre ou, au contraire, restait indifférent, il est difficile d'inventer une nouvelle manière d'être en relation. L'apprentissage des limites ne va pas de soi : il nécessite des repères, des exemples, parfois même un accompagnement. Pourtant, ces résistances, aussi légitimes soient-elles, ne doivent pas devenir des prisons. S'affirmer ne signifie pas rejeter l'autre ou rompre le lien, mais simplement se respecter et donner à la relation une chance de s'épanouir sur des bases plus saines.

Pour apprendre à poser des limites, il est essentiel de commencer par mieux s'écouter, notamment à travers l'observation des signaux que t'envoient ton corps et tes émotions. La prochaine fois que tu te sens mal à l'aise dans une relation amicale, accorde-toi une pause pour te questionner en profondeur. Demande-toi : « Qu'est-ce que je ressens ? » Cela peut être de la fatigue, de l'irritation, de la tristesse, un sentiment d'oppression ou même une forme de colère sourde. Prendre conscience de ce que tu ressens, sans le juger, est déjà un premier pas vers l'auto-respect.

Ensuite, essaie de relier ce ressenti à des événements précis. Quels mots, quelles attitudes, quelles demandes de ton ami ont déclenché ce malaise ? Peut-être as-tu accepté une invitation alors que tu aurais préféré rester chez toi, ou as-tu écouté des confidences alors que tu n'étais pas disponible émotionnellement. Identifier ces déclencheurs te permet de mieux comprendre dans quelles situations tu t'éloignes de tes besoins et de tes valeurs. Interroge-toi aussi : « Suis-je en train de faire quelque chose qui va à l'encontre de mes besoins ou de mes convictions ? » Cette prise de conscience est essentielle pour ne pas agir à contresens de toi-même.

Pour ancrer cette démarche, prends l'habitude de noter tes réponses dans un carnet dédié. Ce journal d'auto-observation deviendra avec le temps une précieuse source d'apprentissage. Tu y verras apparaître des motifs récurrents, des situations ou des personnes avec lesquelles tu as plus de mal à t'affirmer. Petit à petit, tu développeras une meilleure connaissance de toi-même, tu anticiperas plus rapidement les situations à risque, et tu seras plus à même de poser des limites avant que le malaise ne s'installe. Cet exercice, simple en apparence, t'aidera à reprendre le pouvoir sur tes choix et à te rapprocher de la personne que tu veux vraiment être dans tes relations.

Dire non dans une relation, surtout amicale, n'est ni un acte d'agression ni une preuve d'égoïsme, mais avant tout un geste de préservation de soi. Pourtant, pour beaucoup, ce petit mot de trois lettres revêt une dimension quasi insurmontable. Le simple fait de prononcer « Non, je ne peux pas », « Non, cela ne me convient pas », ou « Non, je préfère ne pas en parler maintenant » peut déclencher une vague d'anxiété, de culpabilité, ou de doutes. Cela tient souvent à la peur de décevoir, à la crainte de fragiliser le lien ou d'être jugé comme insensible. Pourtant, apprendre à dire non, c'est reconnaître ses propres limites, ses besoins, et se donner le droit d'exister pleinement dans la relation. S'exercer à le faire d'abord dans des situations anodines – refuser un café, décliner une invitation, préférer un autre film – permet de s'entraîner en douceur, d'apprivoiser la sensation de poser une barrière saine. Plus tu pratiques cet art du refus dans les petites choses du quotidien, plus tu te sentiras solide et légitime pour le faire dans des contextes plus impliquants, où tes valeurs ou ton bien-être sont en jeu.

Il est toutefois essentiel de se préparer à la réaction de l'autre, car un refus, même formulé avec bienveillance, peut susciter de la déception, de l'agacement, voire de l'incompréhension. Il n'est pas rare qu'un ami exprime sa frustration, se montre insistant, ou tente de culpabiliser. Dans ces moments, il est crucial de se rappeler que tu n'es pas responsable des émotions de l'autre : ton devoir est de t'écouter et de te respecter, pas de porter le poids de la satisfaction ou du bonheur de ton entourage. Cela ne veut pas dire devenir froid ou indifférent : tu peux accueillir la tristesse ou la colère de l'ami avec empathie, reconnaître que ton choix le bouscule, mais sans te trahir ni revenir sur ta décision. Tenir bon face à la pression extérieure est une façon d'affirmer que tes besoins comptent, et que le respect mutuel est la base d'une amitié durable. Avec le temps, cette posture authentique inspire souvent plus le respect qu'elle ne crée de distance.

Ainsi, dans toute relation, le compromis est une nécessité : il s'agit d'une forme d'ajustement, d'une danse subtile où chacun cède un peu de terrain pour préserver le lien et construire une harmonie commune. Le compromis suppose un choix libre, une capacité à hiérarchiser ses priorités, à se dire : « Sur ce point, je peux lâcher prise, car l'enjeu n'est pas fondamental pour moi. » C'est accepter d'aller au restaurant préféré de l'autre, d'accommoder son emploi du temps, de faire preuve de souplesse sur des détails de la vie quotidienne. Ce type de concession est sain, car il respecte la réciprocité et la fluidité de la relation, sans jamais exiger le reniement de soi.

La compromission, en revanche, marque une frontière dangereuse : c'est le moment où, par peur de déplaire ou de perdre l'autre, tu commences à renoncer à tes valeurs, à ta dignité, ou à ce qui te tient profondément à cœur. Ce n'est plus un choix libre, mais une forme de soumission intérieure, dictée par la crainte ou la culpabilité. On accepte alors des paroles blessantes, des comportements irrespectueux, des situations inconfortables, en espérant préserver la relation à tout prix. Or, chaque compromission creuse un peu plus le fossé entre toi et toi-même, érode ton estime de soi, et installe un malaise durable. Reconnaître la frontière entre compromis et compromission est donc essentiel : il s'agit de rester à l'écoute de soi tout en restant ouvert à l'autre, sans jamais s'oublier ou se trahir. Cela demande du discernement, du courage, et parfois le soutien d'une réflexion extérieure, mais c'est la condition pour bâtir des relations équilibrées, où chacun peut s'ajuster sans jamais se perdre.

Le témoignage de Sophie, 28 ans, illustre parfaitement la difficulté de dire non dans une relation amicale et les conséquences que cela peut engendrer sur le long terme. Pendant des années, elle a cru que refuser une demande ou poser une limite équivalait à trahir la confiance de son amie. Animée par la peur de décevoir ou de perdre le lien, elle disait oui à tout, même lorsque cela allait à l'encontre de ses propres envies ou de ses besoins de repos. Progressivement, ce comportement l'a conduite à un profond épuisement : elle s'est sentie vidée, invisible, comme si son existence était entièrement tournée vers la satisfaction des autres. Ce n'est qu'en osant s'écouter d'abord qu'elle a commencé à retrouver une forme de paix intérieure. Certes, elle a perdu certains liens, mais elle a aussi découvert une précieuse liberté et une meilleure qualité de présence à elle-même.

Le parcours de Mickaël, 41 ans, met en lumière un autre aspect de la difficulté à poser des limites : la peur de ne plus être aimé. Pour lui, s'affirmer semblait tout simplement impossible, tant il redoutait le rejet ou la solitude. Il acceptait tout, pensant ainsi garantir la sécurité du lien, mais il a fini par s'y perdre lui-même, incapable de reconnaître ses propres besoins ou désirs. Ce n'est qu'au fil d'un travail thérapeutique qu'il a pris conscience de l'importance de l'écoute de soi. Il a compris que s'affirmer, loin d'être un acte égoïste, était une manière d'aimer l'autre de façon plus juste – sans accumuler de rancœurs ou de frustrations cachées. Cette prise de conscience lui a permis d'oser poser ses limites, d'assumer ses refus, et d'entrer dans des relations où l'authenticité prime sur la peur du manque d'amour.

Lorsque tu t'écoutes vraiment, tu fais l'expérience d'une clarté nouvelle : tu sais ce que tu veux, ce que tu ne veux pas, ce que tu es prêt(e) à donner et ce que tu préfères préserver. Cette lucidité te permet de faire des choix alignés, sans te sentir constamment tiraillé(e) entre tes besoins et ceux des autres. Tu n'es plus dans la confusion ou la culpabilité, mais dans l'affirmation sereine de ce qui est juste pour toi. Cette clarté, en retour, favorise une communication plus honnête et plus simple avec ceux qui t'entourent.

En cultivant cette écoute de toi-même, tu gagnes aussi en sécurité intérieure. Tes choix ne sont plus dictés par la peur ou la recherche de validation, mais par la cohérence avec tes valeurs et ton identité. Cela installe en toi un socle solide qui ne vacille plus au moindre vent contraire. Cette sécurité rayonne dans tes relations : tes amis savent à quoi s'en tenir, ils peuvent te faire confiance, et tu peux leur faire confiance en retour. La relation devient plus limpide, plus équilibrée, car chacun sait que l'autre n'agit ni sous la contrainte ni par stratégie. , tu accèdes à une véritable sérénité : tu n'as plus besoin de te justifier sans cesse ou de ruminer en silence des ressentiments. Les non-dits se dissipent, laissant place à une paix et à une simplicité qui transforment la qualité de tes liens. L'écoute de soi n'est pas un luxe, mais une nécessité pour toute relation sincère et durable.

En t'écoutant et en posant tes limites, tu crées naturellement les conditions pour des amitiés plus authentiques et épanouissantes. Ce positionnement intérieur te permet d'accueillir l'autre dans sa différence, tout en restant fidèle à toi-même. Dans ce nouvel espace, chacun peut être pleinement lui-même, sans peur de jugements, de manipulations ou de faux-semblants. Tu n'as plus besoin de porter un masque ou de jouer un rôle pour être accepté : tu es accueilli pour qui tu es, avec tes forces et tes fragilités.

Ce choix d'authenticité agit comme un révélateur dans tes relations : certains amis, inconfortables face à tes nouvelles limites, s'éloignent naturellement. D'autres, au contraire, s'ajustent, respectent davantage ton espace, et la relation s'approfondit sur des bases renouvelées. Ce tri, parfois douloureux, est pourtant salutaire : il permet d'éloigner les relations toxiques, dépendantes ou insatisfaisantes, et d'attirer à toi des personnes capables de t'aimer tel que tu es. Tu t'entoures alors d'amitiés plus saines, plus libres, où la réciprocité et le respect sont au cœur de chaque échange. Ce travail de discernement et de fidélité à toi-même est la clé pour bâtir un cercle relationnel qui te ressemble et te soutient véritablement.

Apprendre à s'écouter et à reconnaître ses limites est un acte de maturité, de courage et d'amour de soi. Ce n'est pas se fermer au monde, mais s'ouvrir à des relations plus vraies, plus respectueuses, plus nourrissantes. Dans le prochain chapitre, nous aborderons le processus du « tri amical » : comment identifier, choisir et préserver les liens qui t'élèvent, et te libérer de ceux qui te freinent.

Chapitre 7

Le Processus du « Tri Amical »

Faire le tri dans ses relations amicales est un geste souvent redouté, parfois mal compris, mais ô combien essentiel pour préserver son équilibre personnel. Choisir ses amis n'est pas une démarche égoïste : c'est reconnaître que la qualité prime sur la quantité, que le respect de soi doit guider les liens que l'on entretient. Ce chapitre t'accompagne dans ce processus délicat mais salutaire, en te proposant des repères et des outils pour repenser ton cercle amical et t'ouvrir à une vie relationnelle plus épanouie.

Dans notre société contemporaine, l'abondance relationnelle est souvent présentée comme un idéal à atteindre. Les réseaux sociaux, les codes culturels et les discours autour du « réseau » valorisent le fait d'avoir beaucoup d'amis, d'être constamment entouré, de multiplier les contacts et les interactions. Cette survalorisation du nombre peut donner l'illusion que plus tu as de relations, plus tu es heureux ou épanoui. Pourtant, cette accumulation ne garantit ni la qualité, ni l'authenticité, ni la profondeur des liens. Au contraire, elle expose parfois à un risque de dilution de soi-même, de superficialité dans les échanges, et même à des souffrances inutiles lorsque certaines relations se révèlent toxiques, décevantes ou énergivores.

Faire le tri dans ses relations, ce n'est pas céder à une forme de froideur ou d'élitisme : c'est avant tout un acte de protection. Se protéger des relations toxiques, épuisantes ou stériles, c'est préserver son énergie, son intégrité et son équilibre émotionnel. Certaines personnes, par leurs comportements, leurs paroles ou leurs attentes, drainent notre vitalité, nous font douter de nous, ou alimentent des dynamiques nocives de dépendance, de manipulation ou de culpabilité. Prendre conscience de ces mécanismes et décider de s'en éloigner, c'est se donner la possibilité de respirer à nouveau, de sortir du cercle vicieux de la souffrance ou de l'épuisement, et de réapprendre à s'aimer.

Le tri relationnel a aussi une autre vertu : il permet de donner plus de place à l'authenticité, à la réciprocité et à la bienveillance. Lorsque tu fais le choix de t'entourer de personnes qui te respectent, t'écoutent et te soutiennent, tu crées un environnement propice à l'épanouissement mutuel. Les échanges deviennent plus vrais, plus profonds, car ils ne sont plus pollués par la peur du jugement, les jeux de pouvoir ou les non-dits. La réciprocité s'installe naturellement, chacun pouvant donner et recevoir dans un climat de confiance et de respect. La bienveillance, loin d'être un luxe, devient une norme relationnelle, et tu te sens alors autorisé à être toi-même, sans masque ni artifice.

En faisant le tri, tu retrouves également du temps et de l'énergie pour toi et pour ceux qui comptent vraiment. Courir après des relations qui t'épuisent ou ne t'apportent rien, c'est gaspiller une énergie précieuse qui pourrait être investie dans des liens nourrissants, dans des projets personnels, ou dans la simple joie d'être en accord avec toi-même. En réduisant le nombre de relations « parasites », tu ouvres un espace pour te recentrer, te ressourcer et te consacrer pleinement à ceux avec qui tu partages des valeurs, des rêves ou une réelle complicité.

Faire le tri dans ses relations, c'est reprendre la main sur son histoire relationnelle. Au lieu de subir les circonstances ou les attentes extérieures, tu deviens acteur ou actrice de tes choix. Tu décides consciemment avec qui tu veux avancer, quels types de liens tu veux nourrir, et quelles limites tu veux poser. Ce n'est pas une démarche de rejet ou de jugement, mais un acte de lucidité et de fidélité à toi-même. Il ne s'agit pas de « jeter » les autres sans raison, mais bien de choisir, avec discernement et respect, les personnes qui t'accompagnent sur le chemin de la vie. Ce processus, parfois délicat, est essentiel pour construire des relations saines, profondes et authentiques, où chacun peut grandir en liberté et en confiance.

Prendre du recul est la première étape essentielle dans tout processus de tri amical. Il s'agit de mettre en pause l'agitation du quotidien pour observer objectivement ton cercle amical. Cette observation n'est pas un jugement, mais plutôt un inventaire bienveillant : qui fait réellement partie de ta vie ? Quelles relations occupent le plus de place dans ton esprit, dans ton emploi du temps, dans ton cœur ? À cette étape, il est utile de se rappeler l'exercice de cartographie relationnelle évoqué précédemment, qui permet de visualiser les dynamiques à l'œuvre : distinguer les liens forts des liens faibles, repérer ceux qui t'élèvent ou, au contraire, ceux qui t'épuisent ou t'entravent.

En prenant ce recul, tu peux commencer à identifier les schémas récurrents, les relations déséquilibrées, ou celles qui t'apportent une réelle joie et du soutien. Ce moment de réflexion aide à sortir de l'automatisme et à reprendre la main sur ton histoire relationnelle. Il ne s'agit pas de trancher dans le vif, mais d'ouvrir un espace d'observation et d'honnêteté envers toi-même, préalable indispensable à toute décision équilibrée.

La deuxième étape consiste à clarifier ce que tu attends d'une amitié. Quelles sont, pour toi, les valeurs fondamentales et non négociables ? Peut-être la loyauté, le respect, l'écoute, la sincérité, ou encore le soutien en cas de difficulté ? Il est aussi important de déterminer quels comportements tu es prêt à tolérer, et lesquels te semblent rédhibitoires : la manipulation, la jalousie excessive, l'absence de réciprocité, par exemple. Plus tu es au clair sur tes critères, plus il sera facile de discerner quelles relations te nourrissent réellement et lesquelles te freinent.

Cette étape est libératrice, car elle t'aide à sortir des schémas de dépendance ou de culpabilité. Elle te permet de reconnaître que tu as le droit d'attendre certaines choses de tes relations, et que l'amitié ne devrait jamais être synonyme de sacrifice ou de souffrance constante. En posant des critères clairs, tu t'offres la possibilité de faire des choix éclairés, alignés avec tes besoins profonds et ta dignité.

Il est naturel de vouloir voir le meilleur chez ses amis, de s'attacher à leurs intentions, à leurs excuses ou à leur potentiel. Cependant, il est essentiel de regarder la réalité en face : ce sont les actes répétés qui définissent la vraie nature d'une relation. Observe comment tu te sens concrètement dans la relation : te sens-tu soutenu, respecté, écouté ? Ou bien es-tu souvent frustré, en attente, dans l'insécurité ou la déception ?

En te concentrant sur les faits, tu t'épargnes la tentation de minimiser ou de justifier ce qui te dérange. Cela demande du courage, car il peut être douloureux de réaliser qu'une personne que tu apprécies ne te traite pas toujours avec la considération que tu mérites. Mais cette lucidité est indispensable pour avancer : elle te permet de t'appuyer sur du concret, et non sur des espoirs ou des illusions.

Toutes les relations ne sont pas noires ou blanches ; certaines sont faites de paradoxes, d'ambivalences, de hauts et de bas. Il est rare qu'une amitié soit totalement toxique ou totalement idéale : il y a souvent du bon et du moins bon. Accepter cette complexité te permet de ne pas réagir dans la précipitation ou l'excès. Il n'est pas toujours nécessaire de couper définitivement une relation : parfois, il suffit de redéfinir la place de certaines personnes dans ta vie, de mettre plus de distance, de partager moins d'intimité ou de réduire tes attentes.

Reconnaître cette nuance t'aide à cultiver une forme de maturité émotionnelle. Tu acceptes que certaines amitiés soient simplement de passage, ou qu'elles évoluent avec le temps. L'important est que tu restes en accord avec tes besoins actuels, sans t'accrocher à une image figée du passé, ni te forcer à maintenir une proximité qui ne te correspond plus.

Finalement, vient le moment de l'action : une étape souvent délicate, mais indispensable pour concrétiser le tri que tu as amorcé. Oser l'action, cela peut signifier prendre doucement de la distance, espacer les contacts, ou bien initier une discussion sincère pour exprimer tes ressentis et tes besoins. Dans certains cas, notamment si la toxicité est avérée, il peut être nécessaire de poser une rupture nette pour te protéger.

Quelle que soit la forme que prend ce passage à l'acte, l'essentiel est d'agir en accord avec toi-même. Il ne s'agit pas de réagir sous le coup de l'émotion, mais de poser des gestes mûris, réfléchis, qui respectent à la fois ton intégrité et celle de l'autre. En osant t'affirmer, tu prends véritablement ta place dans ta vie relationnelle, et tu crées les conditions pour des liens plus authentiques et épanouissants.

Faire le tri dans ses relations amicales n'est jamais un acte anodin. Il réveille souvent des peurs profondes, à commencer par la peur d'être seul(e). Derrière chaque remise en question, il y a cette angoisse : « Et si, après avoir pris de la distance avec certaines personnes, je me retrouvais complètement isolé(e) ? » Cette peur est naturelle, car l'être humain est fondamentalement social : il a besoin de liens, de partages, de reconnaissance. Pourtant, il est essentiel de se rappeler que la solitude temporaire qui suit parfois un tri relationnel est différente de l'isolement subi dans des relations toxiques ou superficielles. Elle peut même devenir un espace de reconstruction et d'ouverture à de nouvelles rencontres, plus authentiques.

La peur du jugement est également très présente. Se demander « Que vont penser les autres ? » ou redouter d'être perçu(e) comme froid(e), égoïste ou intransigeant(e) est tout à fait humain. Cette crainte est souvent exacerbée par la pression sociale qui valorise l'apparence d'une vie sociale bien remplie. Pourtant, il s'agit de se recentrer sur ses propres besoins et limites, en acceptant que l'opinion des autres ne peut pas primer sur son propre équilibre. De plus, la peur du conflit freine beaucoup de démarches : « Et si l'ami ne comprenait pas, ou réagissait violemment ? » Ce risque existe, mais éviter le conflit à tout prix revient souvent à s'oublier soi-même. , la peur du regret (« Et si je faisais une erreur ? ») peut paralyser. Or, toute démarche de tri est perfectible et ajustable : il est possible de revenir sur certaines décisions, ou de réouvrir un lien si le désir et les conditions s'y prêtent. L'important est de ne pas se laisser dominer par ces peurs, mais d'avancer pas à pas, en fidélité à soi.

Pour t'aider à clarifier ta situation amicale, munis-toi d'une feuille et divise-la en trois colonnes distinctes. Dans la première, note toutes les relations nourrissantes : celles qui t'apportent de la joie, du soutien, de l'inspiration et devant lesquelles tu te sens pleinement toi-même. Dans la deuxième, inscris les relations neutres ou superficielles : celles qui ne t'affectent ni positivement, ni négativement, mais qui occupent tout de même une place dans ton quotidien. , dans la troisième colonne, liste les relations toxiques ou pesantes : celles qui te fatiguent, te blessent, ou t'empêchent d'être toi-même, où tu ressens un malaise régulier.

Pour chaque nom inscrit, prends un temps de réflexion et pose-toi les questions suivantes : Qu'est-ce que cette relation m'apporte réellement ? Est-elle à sens unique ? Me sens-je libre, serein(e), respecté(e) ? Suis-je moi-même, ou dois-je me censurer, cacher une partie de qui je suis ? À partir de ce constat lucide, choisis une ou deux actions concrètes pour chaque catégorie : entretenir et approfondir les liens nourrissants, réévaluer ou laisser évoluer les relations neutres, prendre de la distance ou envisager une rupture dans les relations pesantes. Cet exercice t'aide à te situer, à agir avec discernement, et à faire évoluer ton réseau amical en cohérence avec tes besoins réels.

Le tri amical ne rime pas forcément avec des ruptures fracassantes. Bien souvent, il s'agit simplement de prendre de la distance, en espaçant les rencontres, en réduisant le nombre de confidences ou en étant moins disponible. Cette discrète prise de recul permet à la relation de s'ajuster naturellement, sans forcément provoquer de conflit ou de blessure inutile. Dans d'autres cas, une conversation honnête s'impose : il est alors important d'exprimer ce que tu ressens et ce dont tu as besoin, sans accuser ni juger l'autre. Parler à la première personne (« Je ressens… », « J'ai besoin de… ») aide à rester centré sur soi et à éviter les reproches globalisants (« Tu es toujours… »).

Sois ferme sur tes besoins, tout en restant ouvert à l'écoute de l'autre. Il est possible que la personne en face réagisse avec tristesse, colère ou incompréhension : c'est son droit et sa liberté. Accueille ces émotions sans te sentir coupable, tout en restant fidèle à ce qui est juste pour toi. La délicatesse consiste à respecter l'autre dans sa réaction, mais sans t'oublier ni revenir sur ce qui te semble essentiel. Cette posture d'équilibre entre authenticité et bienveillance favorise des transitions plus sereines, et parfois même une évolution positive de la relation.

Le témoignage de Damien, 33 ans, illustre bien la tentation de garder des relations « par défaut », par peur de blesser l'autre ou de provoquer une rupture. Mais à force de tout supporter, il s'est senti de plus en plus vide, comme si ses relations consommaient son énergie sans lui offrir de vraie réciprocité. En osant prendre de la distance sans drame, il a vu certains liens s'éteindre d'eux-mêmes, tandis que d'autres sont restés et se sont renforcés. Ce processus lui a permis d'améliorer la qualité de ses liens et de se sentir plus en accord avec lui-même.

Nora, 27 ans, raconte quant à elle la difficulté et la douleur de rompre avec une amie d'enfance. Malgré l'attachement, elle ne pouvait plus accepter les critiques constantes qui minaient son estime d'elle-même. La décision de couper les ponts a été l'une des plus difficiles de sa vie, mais aussi l'une des plus libératrices. Elle se sent aujourd'hui plus forte, plus sereine, et plus respectueuse de ses propres limites. Son expérience montre que le tri amical, même s'il implique une perte, ouvre la voie à un mieux-être et à une plus grande authenticité.

Faire le tri dans ses relations ne signifie pas se couper du monde, mais s'ouvrir à des liens plus authentiques, plus profonds, et bien plus joyeux. Le premier bénéfice, souvent ressenti très vite, est une réduction du stress et de la culpabilité : tu n'as plus à porter des relations insatisfaisantes, ni à feindre une disponibilité que tu n'as pas. Cette libération laisse place à une nouvelle légèreté, et te permet de consacrer du temps et de l'énergie à ceux qui comptent vraiment pour toi.

En triant tes amitiés, tu te rapproches également de toi-même : tu affines ta connaissance de tes besoins, de tes limites, de tes aspirations profondes. Ton cercle amical devient alors un espace aligné avec tes valeurs, où la confiance et le respect sont réciproques. Ce processus, en te rendant acteur ou actrice de ta vie relationnelle, nourrit ta confiance et ton estime de toi : tu te sens digne d'être aimé(e) pour qui tu es, et non pour le rôle que tu joues. Ainsi, tu construis autour de toi un environnement relationnel solide, porteur et fidèle à ta vérité.

Il n'est pas rare, après avoir fait le tri dans ses relations amicales, de ressentir une forme de tristesse, de nostalgie, voire parfois du regret. Même lorsque la décision de s'éloigner ou de rompre un lien a été longuement mûrie et ressentie comme nécessaire, elle n'en reste pas moins douloureuse. Toute rupture, même choisie, implique un véritable travail de deuil : il s'agit de dire adieu à des souvenirs partagés, à des habitudes, à une histoire commune. Les moments heureux reviennent souvent en mémoire, parfois idéalisés, et peuvent laisser place à un sentiment de vide ou de perte. Ces émotions sont parfaitement normales et font partie intégrante du processus. Il est essentiel de s'autoriser à les vivre pleinement, sans les fuir ni les minimiser, car chaque étape de ce deuil relationnel prépare à un nouvel équilibre.

Ce cheminement n'est ni linéaire ni prévisible. Certains jours, tu pourras te sentir soulagé et libéré, d'autres jours la mélancolie ou la culpabilité peuvent refaire surface. Il importe alors de ne pas t'en vouloir pour ces fluctuations émotionnelles, mais de les accueillir avec bienveillance. Tu peux écrire ce que tu ressens, en parler à une personne de confiance, ou simplement te donner du temps pour laisser la blessure cicatriser. Peu à peu, la douleur initiale s'estompe et laisse place à une paix intérieure. Tu réaliseras que ce vide apparent est aussi un espace de reconstruction, où tu peux te recentrer et redéfinir ce que tu veux vraiment dans tes relations futures. Ce travail de deuil, loin d'être un obstacle, est une étape essentielle vers une vie amicale plus authentique et épanouie.

Le tri amical, en libérant de l'espace, du temps et de l'énergie, ouvre la porte à de nouvelles rencontres et à l'éclosion de liens inédits. Une fois les relations pesantes ou toxiques éloignées, tu te retrouves plus disponible intérieurement et extérieurement, prêt à accueillir la nouveauté. Ce renouvellement n'est pas forcément immédiat, mais il se manifeste souvent de manière inattendue : une affinité qui se révèle avec une connaissance, une complicité qui naît lors d'une activité, ou une rencontre fortuite qui prend de l'importance. L'essentiel est de rester ouvert aux opportunités, sans forcer les choses ni te précipiter dans de nouveaux liens par peur du vide.

Cette période est aussi une invitation à faire confiance à ton intuition et à tes critères nouvellement clarifiés. Prends le temps de sentir si la relation naissante respecte tes besoins, tes valeurs et ton rythme. Il s'agit d'être authentique dès le départ, de ne plus reproduire les anciens schémas, mais d'oser poser tes limites et tes attentes avec douceur et fermeté. Ce nouvel état d'esprit attire naturellement à toi des personnes qui te ressemblent, qui t'acceptent tel que tu es et qui sont prêtes à construire une amitié fondée sur la réciprocité, la bienveillance et la joie partagée. Accueillir de nouveaux liens, c'est finalement t'offrir la chance de t'épanouir dans des relations où tu peux pleinement t'exprimer et grandir.

Le processus du tri amical est un acte de maturité et de libération. Il ne s'agit pas de devenir solitaire ou méfiant, mais de choisir consciemment les relations qui t'élèvent et te respectent. C'est le socle d'une vie relationnelle équilibrée et source de joie profonde. Dans le prochain chapitre, nous aborderons la question de la culpabilité : comment s'en libérer pour assumer pleinement ses choix et s'autoriser à avancer.

Chapitre 8

Rompre avec la Culpabilité

La culpabilité est une émotion aussi ancienne que l'humanité. Elle joue parfois un rôle d'alerte, signalant que nous avons franchi une limite morale ou blessé autrui. Mais dans le contexte de l'amitié, elle devient souvent un frein, un poids qui nous empêche de poser des actes nécessaires, de nous affirmer ou de quitter une relation nocive. Pourquoi la culpabilité est-elle si puissante ? Comment apprendre à la distinguer de la responsabilité ? Quels outils pour s'en libérer sans devenir indifférent ou insensible ? Ce chapitre est une invitation à explorer en profondeur cette émotion complexe, à la comprendre, puis à la dépasser pour gagner en liberté intérieure.

La culpabilité qui émerge dans le contexte amical trouve souvent ses racines dans notre histoire familiale et sociale. Dès le plus jeune âge, beaucoup d'entre nous entendons des messages insistants sur la nécessité de ne pas blesser l'autre, de ne pas décevoir, d'être gentil et de faire plaisir. On nous apprend que l'amitié doit être inconditionnelle, que « les vrais amis » ne se lâchent jamais, qu'il faut tout pardonner et supporter. Ces injonctions, parfois implicites, s'impriment profondément en nous et façonnent notre manière de concevoir le lien amical. Ainsi, lorsque l'on commence à ressentir le besoin de prendre de la distance ou d'interrompre une relation qui ne nous convient plus, on se sent immédiatement fautif, ingrat, voire traître. Il devient difficile de faire passer ses besoins avant les attentes de l'autre, tant la peur d'enfreindre une « loi sacrée » de l'amitié est forte.

Cette culpabilité n'est pas seulement le fruit de notre éducation ; elle est aussi alimentée par des croyances puissantes, souvent inconscientes. Parmi elles, l'idée que « un vrai ami ne laisse jamais tomber » pèse lourd : elle pousse à supporter l'insupportable, à se sacrifier pour préserver une loyauté parfois mal placée. Autre croyance : « Si je souffre dans cette relation, c'est que je ne suis pas assez bien, assez patient, assez aimant ». Cette pensée détourne la responsabilité du déséquilibre relationnel vers soi, nourrissant l'auto-culpabilisation et empêchant de remettre en question l'attitude ou les choix de l'autre. , il y a l'idée que « si l'autre souffre, c'est ma faute » : cette conviction enferme dans le rôle de sauveur ou de coupable, et fait porter un poids émotionnel qui ne devrait jamais reposer sur une seule personne. Ces schémas empêchent de comprendre que la relation est une co-construction : chacun porte sa part de responsabilité, et il est légitime de veiller à son propre bien-être sans se condamner à la culpabilité.

Pour avancer sereinement dans ses relations amicales, il est essentiel d'apprendre à distinguer culpabilité et responsabilité. La culpabilité est une émotion paralysante : elle enferme dans la honte, l'auto-jugement, et mène souvent à l'inaction ou à l'auto-flagellation. Sous son emprise, on se persuade que l'on a mal agi, qu'on devrait être meilleur, plus disponible, plus tolérant, quitte à s'oublier complètement. Elle pousse à accepter l'inacceptable, à maintenir des liens qui nous font souffrir, simplement pour ne pas se sentir « mauvais ami ». La culpabilité ne protège pas la relation : elle l'étouffe, en empêchant toute forme d'évolution ou d'authenticité.

La responsabilité, à l'inverse, est une posture mature et constructive. Elle invite à reconnaître ses actes, à assumer ses choix, à réparer si cela s'impose, mais aussi à se respecter et à agir pour son propre bien. Prendre ses responsabilités dans une relation, ce n'est pas écraser l'autre ni se dédouaner de tout, mais accepter que son propre bien-être compte tout autant que celui de l'ami. Rompre une amitié toxique, poser une limite, exprimer un besoin, ce n'est pas trahir l'autre : c'est exercer son droit d'adulte à préserver sa santé mentale, son intégrité et sa dignité. C'est reconnaître que l'on ne peut pas tout porter, que la souffrance de l'autre ne dépend pas uniquement de soi, et qu'il est sain de veiller à l'équilibre du lien, même si cela implique parfois de s'en éloigner. Apprendre à faire cette distinction permet de sortir du cercle vicieux de la culpabilité, et d'entrer dans une dynamique relationnelle beaucoup plus saine, adulte et respectueuse, pour soi comme pour l'autre.

La culpabilité ne se manifeste pas toujours de façon évidente ; elle peut prendre des formes variées, parfois subtiles, parfois envahissantes. L'une des premières manifestations est la rumination mentale. Après avoir pris une décision difficile dans une relation amicale, il est fréquent de ressasser sans cesse : « Ai-je bien fait ? », « Et si j'avais été trop dur(e) ? », « Aurais-je dû donner une chance de plus ? » Ces pensées tournent en boucle et empêchent d'avancer sereinement, créant un malaise persistant et une difficulté à se recentrer sur ses propres besoins.

Ces ruminations s'accompagnent souvent de symptômes physiques et émotionnels tels que des difficultés à dormir, une anxiété diffuse ou une tristesse latente, difficile à nommer. On peut aussi ressentir un besoin compulsif de justifier ses choix auprès des autres : expliquer encore et encore ce qui a motivé la prise de distance, chercher à obtenir leur validation ou leur compréhension. Parfois, la culpabilité pousse même à revenir sur sa décision, à faire marche arrière, à renouer un lien qui pourtant faisait souffrir – tout cela dans l'espoir de « rattraper » la relation, même au détriment de soi. , la recherche d'approbation extérieure devient presque vitale : on interroge ses proches, on espère qu'ils diront « Tu as bien fait, tu n'as pas été trop sévère », comme si leur parole pouvait alléger le poids intérieur. Reconnaître ces manifestations est une étape essentielle, car elles sont le signe d'un changement profond et d'un besoin de réassurance. Il s'agit de les observer sans s'y enfermer, pour progressivement s'en libérer.

Il arrive qu'on ressente de la culpabilité même en étant convaincu, intellectuellement, qu'une relation était toxique ou devenue néfaste. Plusieurs raisons expliquent cette persistance. D'abord, l'empathie excessive : il est douloureux de faire souffrir quelqu'un, même si cette personne porte sa part de responsabilité dans la détérioration du lien. L'hypersensibilité à la détresse de l'autre pousse à minimiser ses propres besoins et à se sentir fautif d'avoir « infligé » une peine.

Le manque d'habitude à s'affirmer joue aussi un rôle. Lorsqu'on n'a pas appris à poser des limites ou à rompre un lien sereinement, chaque acte d'affirmation de soi est perçu comme violent, brutal, inadapté. À cela s'ajoute l'attachement profond à certaines valeurs, comme la loyauté ou l'altruisme : mettre fin à une amitié, c'est alors avoir le sentiment de trahir une image valorisée de soi-même, celle de quelqu'un qui ne laisse jamais tomber. , l'internalisation des reproches de l'autre est fréquente : l'ami toxique sait souvent utiliser la culpabilisation, se victimiser, accuser, jusqu'à semer le doute et faire porter la responsabilité du mal-être sur l'autre. Ces mécanismes expliquent pourquoi la culpabilité peut persister longtemps après la rupture, et pourquoi il est si difficile d'en sortir sans un travail de conscience et parfois d'accompagnement.

Pour apprivoiser la culpabilité, il ne suffit pas de la nier ou de la combattre : il s'agit de l'écouter, de l'accueillir pour mieux la transformer. Pour cela, réserve-toi un moment calme, à l'abri des sollicitations. Ferme les yeux et imagine la culpabilité comme un personnage ou une voix intérieure, qui vit en toi depuis longtemps. Demande-lui : « Que veux-tu me dire ? Qu'est-ce que tu redoutes ? » Laisse venir les réponses, sans chercher à les juger ni à les censurer : peut-être la peur d'être rejeté, celle de ne plus être aimé, ou l'angoisse d'avoir fait souffrir l'autre.

Note tout ce qui émerge, puis réponds à cette culpabilité avec bienveillance, comme tu parlerais à un enfant inquiet. Dis-lui : « Merci de vouloir me protéger, mais aujourd'hui, j'ai choisi de me respecter. La relation ne me convenait plus, et ce n'est la faute de personne. » Ce dialogue intérieur te permet de différencier la peur (de blesser, d'être rejeté) de la réalité (le droit de prendre soin de toi). Avec la pratique, cet exercice devient un outil puissant pour apaiser la voix de la culpabilité et renforcer la confiance en tes choix.

Le témoignage de Laura, 37 ans, met en lumière la lenteur du processus de libération de la culpabilité. Après avoir mis fin à une amitié toxique, elle a longtemps porté le poids d'avoir « abandonné » une amie d'enfance. Cette culpabilité, tenace, l'a accompagnée pendant des années, jusqu'à ce qu'elle réalise qu'elle ne pouvait pas continuer à sacrifier son bien-être pour préserver une illusion de lien. Son cheminement vers l'auto-respect lui a permis de se sentir plus juste, non seulement envers elle-même, mais aussi envers les autres, car une relation honnête ne peut s'épanouir dans le sacrifice et la souffrance.

Thomas, 29 ans, a quant à lui subi la culpabilité des reproches directs : son ami lui a reproché d'être égoïste, d'avoir changé, de ne plus être là. Longtemps, il a cru porter la responsabilité du mal-être de l'autre, jusqu'à ce qu'un travail avec un thérapeute l'aide à comprendre la légitimité de son besoin de distance. Il a appris à faire la différence entre sa responsabilité et celle de l'autre, et à reconnaître que son droit à poser des limites ne le rendait pas coupable du malheur d'autrui. Ces témoignages montrent que la sortie de la culpabilité est un processus, souvent long, mais profondément libérateur.

Rompre avec la culpabilité implique d'abord de reconnaître que le changement est non seulement possible, mais aussi légitime et sain. La vie n'est pas immuable : nos besoins, nos envies, notre compréhension de nous-mêmes évoluent avec le temps, et il est naturel que nos relations suivent ce mouvement. Se rappeler que l'on a le droit de modifier ses choix, de s'éloigner de certaines personnes ou de redéfinir ses liens, ce n'est pas trahir l'autre, mais se respecter soi-même. Cette prise de conscience permet de transformer la peur du changement en une source de liberté : elle autorise à choisir ce qui est juste à un instant donné, sans se condamner à rester prisonnier de fidélités passées.

Une autre clé essentielle consiste à lâcher prise sur le contrôle des émotions de l'autre. Nous avons parfois tendance à nous croire responsables du bonheur ou du malheur de ceux qui nous entourent, surtout lorsqu'ils expriment de la souffrance suite à nos décisions. Pourtant, chacun porte la responsabilité de ses ressentis, et il n'est ni possible ni souhaitable de se sacrifier pour éviter à l'autre la tristesse, la colère ou la déception. En acceptant que l'on ne peut pas maîtriser les réactions d'autrui, on se libère d'un poids immense et on se donne la permission de vivre selon ses propres valeurs.

Parallèlement, il est indispensable de s'offrir le droit à l'erreur. La culpabilité s'alimente souvent d'une exigence de perfection : il faudrait toujours prendre la bonne décision, ne jamais blesser, tout anticiper. Mais la réalité des relations humaines, c'est l'imperfection, l'incertitude et l'ajustement constant. Accepter que l'on puisse se tromper, revenir sur une décision, apprendre de ses expériences, c'est sortir du piège du tout ou rien. Cette attitude bienveillante envers soi-même redonne de la souplesse et de la douceur au processus de séparation ou de transformation des liens.

Chercher du soutien constitue une autre stratégie précieuse. Parler à un proche de confiance, à un thérapeute, ou rejoindre un groupe de parole, permet de mettre de la distance avec ses propres émotions, d'entendre d'autres points de vue et de se sentir moins isolé face à la culpabilité. Le partage libère, rassure, et aide à relativiser l'intensité de ce que l'on vit. S'entourer de personnes compréhensives et bienveillantes, c'est s'offrir un miroir positif et un espace d'accueil où l'on peut déposer ses doutes, ses regrets et ses peurs, sans être jugé.

Il est ainsi fondamental de célébrer chaque progrès, aussi minime soit-il. La sortie de la culpabilité n'est pas un processus linéaire : certains jours seront plus faciles, d'autres plus douloureux. Mais chaque petit pas vers l'auto-respect, chaque moment où l'on ose s'écouter et poser une limite, mérite d'être reconnu comme une victoire. Cette reconnaissance nourrit la confiance en soi et encourage à poursuivre le chemin de l'affirmation et du respect de soi. Avec le temps, ces stratégies permettent d'ancrer en soi la conviction que l'on a le droit de prendre soin de soi, et que c'est ainsi que l'on construit des relations véritablement libres, équilibrées et respectueuses, tant pour soi que pour l'autre.

Rompre avec la culpabilité ne se résume pas à une décision mentale : c'est un processus qui demande de s'accorder, en profondeur, le pardon. Se pardonner, ce n'est pas effacer le passé ou prétendre que rien ne s'est passé ; ce n'est pas non plus ignorer la douleur que certaines décisions ont pu causer, à soi-même ou à l'autre. Le pardon envers soi-même consiste à reconnaître que l'on a fait, à un moment donné, les choix qui nous semblaient justes ou nécessaires, avec les moyens, les ressources et la sensibilité qui étaient alors les nôtres. Il s'agit d'accepter que l'on n'est pas parfait, que l'on a pu hésiter, se tromper, ou regretter – mais que cela fait partie de l'expérience humaine.

Ce pardon est un acte de douceur envers soi-même. Il implique d'accueillir ses failles, ses tâtonnements, sans jugement. C'est se donner la permission de ne pas tout maîtriser, de ne pas être infaillible, et de reconnaître que notre valeur ne dépend pas de notre capacité à être irréprochable. Se pardonner, c'est aussi ouvrir un espace de compassion : une capacité à se comprendre, à accueillir ses émotions, et à se traiter avec la même bienveillance que celle que l'on offre à un ami cher. Plus encore, ce pardon intérieur permet de cultiver une tolérance nouvelle envers les autres : en reconnaissant notre propre humanité, nous devenons plus aptes à accepter celle de ceux qui nous entourent, avec leurs propres contradictions et maladresses.

Le pardon envers soi-même est donc la clé d'un apaisement durable. Il met fin à l'auto-flagellation et à la rumination, pour laisser place à la paix intérieure. Il ne signifie pas que l'on renonce à s'améliorer ou à apprendre de ses erreurs, mais que l'on le fait sans se condamner éternellement pour ses choix passés. Ce cheminement vers le pardon est une force : il nourrit la confiance en soi, la capacité à rebondir, et à envisager l'avenir avec plus de sérénité et de légèreté.

Quand la culpabilité s'efface, une nouvelle perspective s'ouvre devant soi : celle de la liberté intérieure. S'affranchir de la culpabilité, c'est se libérer du poids du regard et du jugement d'autrui, mais aussi de ses propres exigences irréalistes. On découvre alors la possibilité d'envisager ses relations de façon authentique, sans peur de décevoir, sans sentiment d'obligation ni de sacrifice. Cette liberté permet de choisir ses liens, de s'affirmer dans ses besoins, de dire non ou de poser ses limites, en restant fidèle à soi-même.

Cette liberté nouvelle n'est pas synonyme d'égoïsme ou d'indifférence ; elle offre au contraire la possibilité de construire des relations plus justes et plus sincères. Lorsqu'on n'agit plus sous la contrainte de la culpabilité, on peut réellement écouter ce que l'on ressent, ce que l'on désire, et ce que l'on est prêt à offrir. Les amitiés qui naissent ou subsistent alors sont fondées sur la réciprocité, le respect mutuel et la reconnaissance de l'autre dans sa singularité. On n'attend plus de l'autre qu'il comble nos manques ou valide nos choix : on partage, on soutient, mais sans se perdre.

La liberté intérieure est le socle de toute relation saine. Elle permet de sortir des jeux de pouvoir, des dépendances affectives, et d'oser être soi au sein du lien. Elle donne la force de s'écouter, de se choisir, mais aussi d'accueillir l'autre tel qu'il est, sans attente irréaliste. C'est le point de départ d'amitiés profondes, vivantes, évolutives – des relations dans lesquelles chaque individu peut grandir, évoluer, et s'épanouir en toute authenticité. Rechercher cette liberté, c'est s'offrir la plus belle promesse : celle d'être fidèle à soi, et ouvert à l'autre, sans peur ni entrave.

La culpabilité est une émotion puissante, mais elle n'a pas à gouverner ta vie relationnelle. Apprendre à la reconnaître, à l'apprivoiser, puis à t'en libérer, c'est t'offrir la possibilité de choisir tes amis, de poser tes limites, d'être pleinement toi-même. Dans le prochain chapitre, nous aborderons le processus de deuil à la suite de la perte d'une amitié, étape incontournable pour tourner la page et avancer vers de nouveaux horizons.

Chapitre 9

Le Deuil d'une Amitié Perdue

Perdre une amitié, qu'elle ait été toxique ou simplement arrivée à son terme, est une expérience souvent sous-estimée dans sa charge émotionnelle. Dans la culture populaire, on s'attarde beaucoup sur le deuil amoureux ou familial, mais rarement sur celui, pourtant tout aussi intense, des liens amicaux. Une amitié, c'est une part de soi, une histoire, des souvenirs, une identité partagée. Sa disparition laisse un vide, des questionnements, parfois de la colère ou de la honte, et nécessite un véritable travail de deuil. Ce chapitre t'invite à comprendre et honorer ce processus pour mieux renaître à toi-même.

Il est courant, dans notre société, de minimiser la douleur liée à la perte d'une amitié. Souvent, face à la fin d'un lien amical, on entend des phrases comme : « Ce n'est qu'un ami », « Il y a plus grave », « Tu t'en remettras vite ». Ce discours banalisant pousse à nier ou à enfouir les émotions qui surgissent, comme si la souffrance ne pouvait être légitime que dans le cadre d'un deuil amoureux ou familial. Pourtant, perdre un(e) ami(e) peut provoquer une douleur tout aussi profonde, car l'amitié touche à des valeurs fondamentales : la confiance, la loyauté, le partage, l'image que l'on a de soi et des autres. Une amitié sincère fait souvent partie intégrante de notre construction personnelle, de notre histoire, de nos repères.

Reconnaître la réalité du deuil amical est donc la première étape essentielle pour se donner l'autorisation de vivre pleinement toutes les émotions qui l'accompagnent. La tristesse surgit, parfois inattendue, accompagnée de moments de colère, de nostalgie ou même de soulagement. Il peut y avoir la peur de l'avenir, l'angoisse de ne pas retrouver une complicité équivalente, ou encore une sensation de vide difficile à combler. Toutes ces émotions sont légitimes. Les nier ou les minimiser ne fait que prolonger la souffrance et retarder le processus de guérison.

S'autoriser à accueillir ces émotions, c'est également reconnaître leur fonction : elles signalent une perte réelle, un changement d'équilibre, la nécessité de redéfinir son univers relationnel. Cela ne signifie pas s'y complaire ou se laisser submerger, mais simplement admettre que l'on traverse une étape importante, qui demande du temps et de la bienveillance envers soi-même. Le deuil amical, tout comme le deuil amoureux, est un passage de vie qu'il faut respecter.

Il est important aussi de comprendre que la profondeur du deuil amical ne dépend ni de la durée de la relation, ni de son intensité apparente aux yeux des autres. Parfois, une amitié brève mais marquante laisse une trace immense, tandis qu'une amitié de longue date s'éteint sans grand fracas. Ce qui compte, c'est ce que ce lien a représenté pour toi, à un moment donné de ton existence. Se donner le droit de souffrir, c'est s'autoriser à honorer la place qu'a occupée l'ami dans ta vie.

Reconnaître la réalité du deuil amical, c'est aussi ouvrir la voie à un travail de transformation intérieure. Cette épreuve, bien que douloureuse, offre l'occasion de mieux se connaître, d'explorer ses besoins, ses limites, et de grandir en maturité émotionnelle. C'est une étape qui, à terme, peut devenir source de renaissance et d'ouverture à de nouveaux liens.

Le processus de deuil, tel que l'a théorisé Elisabeth Kübler-Ross, s'applique parfaitement à la perte d'une amitié, même si les étapes ne sont ni linéaires ni universelles. La première phase est souvent celle du choc et du déni. Il est difficile d'accepter que la relation est réellement terminée : on espère que la situation va s'arranger, on refuse d'y croire, on relit les messages échangés, on imagine des retrouvailles. Cette étape peut durer plus ou moins longtemps selon les circonstances de la rupture et la personnalité de chacun.

Vient ensuite la colère, qui peut se diriger vers l'autre (« Comment a-t-il/elle pu me faire ça ? ») ou vers soi-même (« Pourquoi n'ai-je rien vu venir ? », « Pourquoi ai-je accepté certaines choses ? »). La colère est une émotion saine, qui permet de poser des limites, d'exprimer une souffrance souvent enfouie, et de commencer à se détacher du passé. Elle peut aussi s'adresser aux circonstances, à la vie, à l'injustice perçue de cette séparation.

La tristesse s'installe fréquemment après la colère. C'est le moment où l'on prend conscience de ce qui est perdu : les souvenirs heureux, les habitudes partagées, le sentiment de soutien ou de compréhension. Un vide se fait sentir, qui peut être particulièrement difficile à vivre si l'amitié occupait une place centrale. Cette tristesse peut s'accompagner de nostalgie, d'images du passé qui ressurgissent, et d'une grande vulnérabilité.

La phase de culpabilité suit parfois : on rumine ce qui aurait pu être fait autrement, on se reproche des paroles, des silences, des choix. On imagine que la rupture aurait pu être évitée, on se sent responsable de la douleur de l'autre ou de la sienne. Cette étape est souvent la plus longue, car elle fait appel à des schémas de pensée profonds et à la difficulté d'accepter les imperfections inhérentes à toute relation humaine.

L'acceptation finit par émerger, parfois discrètement, parfois brutalement. On reconnaît que la relation appartient désormais au passé, que la vie continue, et que de nouveaux possibles s'ouvrent. L'acceptation ne signifie pas l'oubli, mais plutôt la réconciliation avec ce qui a été, et la capacité de se tourner vers l'avenir. Respecter son rythme tout au long de ce processus est fondamental : il n'y a pas de « bonne » façon de faire son deuil, ni de calendrier à suivre. Chacun avance à son pas, selon ses ressources et son histoire.

Le deuil d'une amitié comporte des particularités distinctes qui peuvent rendre ce processus encore plus complexe à traverser. L'une des principales difficultés réside dans le manque de reconnaissance sociale. Contrairement au deuil amoureux ou familial, la souffrance d'avoir perdu un ami est rarement validée par l'entourage. On te conseille souvent de « passer à autre chose », de relativiser, comme si l'amitié était secondaire dans la hiérarchie des liens affectifs. Cette absence de reconnaissance peut accentuer la solitude et la honte, et pousser à dissimuler sa peine plutôt qu'à la partager.

Une autre spécificité tient à l'absence de rituels. Dans la plupart des cultures, il existe des rituels pour accompagner la fin d'un couple ou la perte d'un proche : cérémonies, repas, mots d'adieu. Rien de tel pour la fin d'une amitié. Ce manque de rites de passage rend difficile la mise en mots et en actes de la séparation, et complique la possibilité de tourner la page. On garde en soi ce qui aurait mérité d'être exprimé, partagé, ritualisé, ce qui rend le deuil plus long et plus diffus.

L'ambiguïté de la rupture amicale constitue aussi un obstacle majeur. Contrairement à la plupart des séparations amoureuses, il est courant que la fin d'une amitié soit floue, ponctuée de silences, de non-dits, de tentatives de reprise de contact ou de faux espoirs. Parfois, la relation ne s'arrête pas vraiment : elle s'étiole, devient distante, mais continue d'exister de façon intermittente. Cette ambiguïté entretient la confusion, rend difficile la prise de distance émotionnelle et prolonge le deuil.

Ces spécificités invitent à une grande indulgence envers soi-même. Il est important de reconnaître que ce que l'on traverse est légitime, même si l'entourage ne le comprend pas toujours. Parfois, il peut être utile de créer ses propres rituels, d'écrire une lettre d'adieu, de parler de sa douleur à une personne de confiance ou de marquer symboliquement la fin de la relation.

Se rappeler que la perte d'une amitié n'est jamais anodine aide à cheminer dans le deuil : elle marque une étape, une transformation, une opportunité de se recentrer et de s'ouvrir à d'autres formes de lien. Honorer la réalité du deuil amical, c'est se donner toutes les chances de le traverser en conscience et d'en sortir grandi.

Lorsqu'on traverse le deuil d'une amitié, il est fréquent de ressentir un véritable mélange d'émotions, qui semblent parfois s'opposer. La tristesse de la perte peut coexister avec un sentiment de soulagement, surtout si la relation était devenue douloureuse ou pesante. De la colère peut surgir – contre l'ami, contre soi-même ou contre les circonstances – mais elle n'empêche pas la nostalgie des souvenirs heureux, ni la gratitude pour tout ce que la relation a apporté. On peut également se sentir envahi par le regret, en se demandant ce qui aurait pu être fait autrement, tout en éprouvant de la reconnaissance pour les expériences partagées.

Ce tourbillon émotionnel est tout à fait normal : il reflète la complexité de l'attachement humain et la richesse des liens tissés au fil du temps. Il arrive aussi que l'on oscille entre le désir de renouer, de retrouver la complicité d'avant, et la certitude intérieure qu'il est nécessaire de tourner la page pour se préserver. Ces allers-retours sont légitimes et font partie intégrante du processus de deuil.

L'essentiel est d'accueillir cette complexité sans se juger. Ne pas se reprocher d'éprouver, dans la même journée, de la tristesse puis du soulagement, ou de la colère suivie de tendresse. Accepter ces mouvements intérieurs, c'est faire preuve de maturité émotionnelle et s'autoriser à vivre pleinement chaque phase du deuil.

En acceptant ces émotions contradictoires, tu te donnes la chance de traverser le deuil de façon authentique, sans te bloquer dans une posture figée. Tu honores ainsi la réalité de la relation passée, avec ses ombres et ses lumières, et tu prépares ton cœur à s'ouvrir à de nouveaux possibles.

Pour accompagner ce processus, l'écriture d'une lettre d'adieu peut être un acte symbolique et profondément libérateur. Prends une feuille de papier et écris à ton ami, sans intention de lui envoyer ce texte. Laisse venir tout ce qui te traverse : la peine de la séparation, la colère pour ce qui a blessé, les remerciements pour les instants de bonheur, les regrets pour ce qui n'a pas pu être vécu, et les souvenirs qui te restent chers.

Cet espace d'expression te permet de donner forme à tes émotions, de les sortir de toi pour mieux les comprendre et les accepter. Il n'est pas nécessaire de chercher à être cohérent ou à tout expliquer : laisse simplement couler les mots, tels qu'ils viennent, dans leur authenticité.

Une fois la lettre achevée, relis-la. Prends le temps de ressentir ce que cette lecture éveille en toi. Puis, choisis un geste symbolique : brûle la lettre pour signifier la fin d'un cycle, déchire-la pour marquer la rupture, range-la dans une boîte ou conserve-la comme témoin de ton cheminement. Ce rituel offre un acte concret pour honorer ce qui a été et ouvrir la porte à autre chose.

Ce type de geste ne guérit pas instantanément, mais il marque une étape importante dans le processus de deuil. Il te permet d'avancer, de poser un jalon et de reconnaître, par un acte tangible, la valeur de ton vécu et la réalité de ta transformation intérieure.

Les témoignages de ceux qui ont traversé le deuil amical montrent à quel point ce chemin peut être long, complexe, mais aussi porteur d'espoir. Julie, 35 ans, raconte qu'après la fin de son amitié avec Marion, elle a ressenti un vide immense, tant elles avaient partagé de choses pendant dix ans. Il lui a fallu des mois pour accepter que ce fût réellement fini et pour cesser d'espérer un retour en arrière. Aujourd'hui, elle arrive à se souvenir des bons moments sans douleur, et elle se sent prête à accueillir de nouveaux liens.

Mehdi, 42 ans, explique avoir longtemps minimisé la fin de sa relation avec son meilleur ami. Pour éviter de ressentir la douleur, il s'est plongé dans le travail et les sorties, mais il s'est vite rendu compte qu'il était triste et perdu au fond de lui. C'est en acceptant de vivre ce deuil, en pleurant, en se confiant à un thérapeute, qu'il a finalement pu tourner la page.

Ces histoires témoignent du fait que le deuil amical n'est pas linéaire. Il demande du temps, de l'introspection, de l'acceptation et souvent du soutien extérieur. Elles montrent aussi qu'il est possible de se reconstruire, de transformer la douleur en une nouvelle force, et de s'ouvrir à de futures amitiés, peut-être plus alignées avec ce que l'on est devenu.

Reconnaître la valeur de ces témoignages, c'est s'autoriser à vivre son propre deuil sans honte, et à croire en la possibilité d'un renouveau après la perte.

Prendre soin de soi pendant le deuil amical est primordial pour traverser cette période éprouvante. D'abord, il est important de ne pas s'isoler : parler de sa douleur à des personnes de confiance – amis, famille, thérapeute – permet de rompre la solitude et d'être soutenu dans les moments difficiles. L'écoute bienveillante d'autrui aide souvent à mettre des mots sur ce que l'on ressent et à se sentir compris.

Il est également essentiel de s'accorder du temps pour soi, en pratiquant des activités qui apaisent et ressourcent : marcher dans la nature, écrire, écouter de la musique, méditer, créer. Ces moments de douceur sont autant de parenthèses qui aident à cicatriser les blessures intérieures et à retrouver petit à petit un sentiment de paix.

Ne te juge pas pour la tristesse, la colère ou la nostalgie qui t'envahissent. La tristesse est normale, elle passera avec le temps, et le fait de l'accueillir plutôt que de la refouler t'aidera à la traverser plus sereinement. Autorise-toi à revisiter les souvenirs, à accueillir la nostalgie, mais veille à ne pas t'y enfermer. Il est important de rester dans le mouvement de la vie et de t'ouvrir à ce que l'avenir pourra t'offrir.

Rappelle-toi que prendre soin de soi pendant le deuil, c'est aussi se préparer à renaître : à transformer cette expérience douloureuse en occasion de croissance, à renforcer ton estime de toi, et à t'ouvrir, peu à peu, à la possibilité de nouvelles relations plus épanouissantes.

Faire le deuil d'une amitié, c'est honorer tout ce qui a été partagé, accepter la perte, traverser la douleur pour mieux renaître à soi-même. C'est un passage, parfois long, mais nécessaire pour retrouver la paix intérieure et se préparer à de nouveaux liens, plus sains et plus authentiques. Dans le prochain chapitre, nous verrons comment se reconstruire après la trahison, et transformer la souffrance en force.

Chapitre 10

Se Reconstruire Après la Trahison

La trahison en amitié est l'une des expériences les plus douloureuses qui soient. Qu'il s'agisse d'un secret trahi, d'un mensonge, d'un abandon au moment où tu avais le plus besoin de soutien, ou d'une manipulation subtile révélée au grand jour, la blessure est vive, profonde, et souvent difficile à cicatriser. Elle remet en cause la confiance, l'image que l'on a de l'autre mais aussi de soi-même, et parfois même la croyance en la possibilité d'un lien sincère. Pourtant, il est possible de se relever de cette épreuve, de transformer la souffrance en force, et d'ouvrir la porte à de nouvelles relations, plus lucides et plus authentiques. Ce chapitre t'accompagne sur le chemin de la reconstruction.

La trahison amicale est une blessure profonde, car elle touche au cœur de ce qui fait la richesse et la fragilité des relations humaines : la confiance. Contrairement à une simple déception ou à un éloignement progressif, la trahison représente une rupture brutale du pacte implicite qui unit deux amis, celui de la loyauté, du respect et du soutien mutuel. Cette rupture ne remet pas seulement en cause le lien avec l'autre, elle vient aussi ébranler la confiance que l'on accorde à soi-même : « Comment ai-je pu ne pas voir ? », « Suis-je trop naïf.ve ? », « Ai-je mal jugé l'autre ou mes propres capacités à me protéger ? ». La blessure s'infiltre dans l'estime de soi, fragilisant notre perception de notre jugement et de notre capacité à discerner le bien du mal.

Le sentiment de vulnérabilité qui en découle est immense. On se surprend à douter non seulement de l'autre, mais également de soi, de ses propres choix, et de la possibilité de faire confiance à l'avenir. La douleur tient moins à l'acte de trahison lui-même qu'à la sensation d'avoir perdu un repère fondamental, ce socle de bienveillance et de sécurité sur lequel on pensait pouvoir s'appuyer. Cette remise en cause intime laisse place à des émotions intenses, parfois contradictoires, et à une impression de déséquilibre profond.

Face à cette blessure, des réactions variées émergent : la colère et le ressentiment, qui traduisent le besoin de justice ou de réparation ; le sentiment d'humiliation ou de honte, qui isole et fait douter de sa propre valeur ; le repli sur soi, où la méfiance envers autrui devient une stratégie de protection ; , parfois, une envie de revanche ou de confrontation, qui exprime le désir de reprendre le contrôle sur la situation. Ces réactions sont humaines et légitimes, mais elles peuvent aussi entraver la guérison si elles restent enfouies ou niées.

Reconnaître la profondeur de cette blessure, sans la minimiser ni la dramatiser, est la première étape vers la guérison. Cela signifie s'autoriser à voir la trahison pour ce qu'elle est : une atteinte à l'intime, à la confiance, à la dignité. Ce n'est qu'en acceptant la réalité de la blessure que l'on peut entamer un véritable travail de réparation intérieure, et ne plus rester prisonnier de la souffrance.

Après une trahison amicale, la tentation est grande de vouloir « passer à autre chose » rapidement, soit par orgueil, soit par peur de montrer sa vulnérabilité. Pourtant, refouler ses émotions n'efface pas la blessure ; au contraire, cela risque de la cristalliser et d'en prolonger l'impact. La guérison authentique passe par l'acceptation de la douleur : il est légitime d'avoir mal, de se sentir trahi, en colère, triste ou même désespéré.

Donner de l'espace à ces émotions est indispensable. Cela peut passer par l'écriture – tenir un journal, écrire des lettres sans les envoyer –, par la parole confiée à un proche ou à un thérapeute, ou encore par des actes symboliques (pleurer, crier, dessiner, marcher). Il ne s'agit pas de s'enfermer dans la plainte, mais de reconnaître la réalité de ce qui te traverse, sans honte ni censure. Se permettre d'exprimer sa colère, sa tristesse, son abattement, c'est déjà commencer à les transformer.

Ce processus demande du temps et de la patience. Les émotions reviennent parfois par vagues, inattendues, souvent déclenchées par un souvenir, une date, un lieu. Au lieu de les repousser, essaie de les accueillir comme des messagères : elles te signalent que quelque chose d'important a été touché, qu'une étape de ta vie mérite d'être honorée et digérée. Plus tu donnes voix à ta douleur, plus elle s'apaise et laisse place à une énergie nouvelle.

N'oublie pas : montrer sa vulnérabilité n'est pas une faiblesse, mais un signe de maturité et de confiance en soi. C'est aussi un acte de respect envers toi-même, qui t'autorise à être humain, imparfait, traversé par des émotions puissantes. C'est en accueillant ta douleur que tu pourras, peu à peu, la dépasser et retrouver ta capacité à aimer et à faire confiance.

La honte est un poison insidieux qui accompagne souvent la trahison amicale. On se reproche de ne pas avoir su voir, d'avoir été trop naïf.ve, de s'être laissé manipuler. Parfois, ces reproches intérieurs sont renforcés par la voix de l'ami traître qui, pour justifier ses actes, renverse la faute sur toi. Cette honte fragilise encore davantage l'estime de soi et risque de t'enfermer dans un cercle vicieux, où la confiance en l'autre et en soi est érodée.

Pourtant, il est essentiel de se rappeler que la confiance donnée n'est jamais une faiblesse ni une faute. Au contraire, elle est le signe d'une ouverture du cœur, d'une capacité à aimer et à croire en la bonté d'autrui. La responsabilité de la trahison incombe à celui qui trahit, non à celui qui a fait preuve de sincérité et d'honnêteté. Déculpabiliser, c'est reprendre la juste mesure des choses, refuser de porter le poids de la faute à la place de l'autre.

Se pardonner est un acte essentiel : cela signifie reconnaître que tu as agi avec tes valeurs, avec honnêteté, et que nul ne mérite d'être puni pour avoir cru en l'amitié. Se pardonner, ce n'est pas se défausser de toute responsabilité, mais c'est refuser de s'auto-flageller pour un acte qui n'appartient pas à soi. C'est affirmer sa dignité et sa légitimité à être respecté dans la relation.

Sortir de la honte, c'est aussi se donner le droit d'apprendre. La trahison devient alors une expérience, certes douloureuse, mais aussi formatrice : elle enseigne sur soi, sur les autres, sur les limites à poser à l'avenir. Elle ne doit pas devenir une prison, mais un tremplin vers une confiance renouvelée, plus lucide, mais toujours vivante.

La trahison amicale a souvent pour effet de bouleverser nos croyances fondamentales sur l'amitié : « On ne peut faire confiance à personne », « Les amis finissent toujours par décevoir », « Mieux vaut rester seul.e que d'être trahi.e ». Si ces pensées peuvent protéger à court terme, elles risquent de conduire à l'isolement, à la méfiance généralisée, voire à un cynisme qui prive de toute intimité véritable.

Il est important de distinguer : ce n'est pas l'amitié en soi qui est dangereuse, mais certains comportements, certaines personnes, certains contextes. Toutes les relations ne se valent pas, et chaque histoire est singulière. La prudence et la lucidité sont saines, mais la généralisation absolue est un leurre : elle fige dans la peur et empêche d'ouvrir la porte à de nouveaux liens.

Reconsidérer ses croyances, c'est aussi se donner la chance de réinventer la façon dont on veut vivre l'amitié. Peut-être as-tu besoin de plus de temps pour accorder ta confiance, de poser des limites plus claires, ou de t'entourer de personnes qui partagent tes valeurs. Cela ne signifie pas renoncer à toute proximité, mais apprendre à mieux choisir et à se protéger sans se fermer.

Ainsi, garde en toi la possibilité de croire à nouveau, sans naïveté mais sans cynisme. L'expérience de la trahison n'ôte rien à la beauté de l'amitié : elle invite simplement à aimer avec plus de discernement, à s'écouter davantage, et à ne jamais perdre de vue que la confiance, même fragile, est la racine de tout lien véritable.

Pour t'aider à avancer, il peut être précieux de revisiter l'histoire de la trahison avec du recul. Commence par décrire factuellement ce qui s'est passé, sans minimiser ni dramatiser. Pose sur le papier les événements, les paroles, les actes, comme un observateur extérieur. Cette prise de distance permet de sortir de la confusion émotionnelle et de clarifier les faits.

Ensuite, interroge-toi sur tes émotions : qu'as-tu ressenti sur le moment ? Quelles émotions reviennent aujourd'hui ? Mets des mots sur la colère, la tristesse, la peur, le sentiment d'abandon, ou tout autre ressenti qui persiste. Cette étape t'aide à accueillir ce qui n'a pas encore été pleinement digéré et à donner une place à chaque émotion.

Puis, réfléchis à ce qui, dans ton histoire personnelle ou dans ta manière d'être, t'a conduit à accorder ta confiance à cette personne. Il ne s'agit pas de te juger, mais d'apprendre à mieux te connaître : peut-être une envie de plaire, une peur de la solitude, ou simplement un optimisme naturel. Cette introspection est une étape clé pour ne plus répéter les mêmes schémas et pour renforcer ta capacité à choisir des relations saines.

Demande-toi ce que tu veux garder de cette expérience et ce que tu aimerais ne plus reproduire. Quelles leçons en tires-tu ? Quels nouveaux repères veux-tu poser pour l'avenir ? Ce travail de relecture transforme la blessure en expérience : il t'aide à retrouver un sentiment de maîtrise sur ton parcours, à sortir du statut de victime, et à te préparer à accueillir de nouveaux liens, plus conscients et plus authentiques.

Les histoires de Sarah et Karim illustrent avec force la profondeur de la blessure causée par la trahison amicale, mais aussi la possibilité de résilience et de transformation. Sarah, 32 ans, raconte comment la trahison de sa meilleure amie a été pour elle un véritable séisme intérieur. La perte de ce lien de confiance, brisé par la diffusion de rumeurs alors qu'elle se sentait en sécurité pour se confier, a bouleversé tous ses repères affectifs. Dans un premier temps, cette blessure l'a plongée dans une immense détresse : elle s'est sentie trahie, humiliée, exposée et vulnérable. Elle a douté d'elle-même, de sa capacité à juger les autres, et a craint de ne plus jamais pouvoir accorder sa confiance à qui que ce soit.

Pourtant, le temps, allié à un travail d'introspection, lui a permis de prendre du recul sur la situation. Sarah raconte qu'elle a progressivement compris que la faute ne lui appartenait pas : sa générosité et sa sincérité n'étaient pas à blâmer. Elle a appris à distinguer la confiance donnée d'un simple élan du cœur de la naïveté ou de la faiblesse. Plutôt que de se juger elle-même pour avoir cru en son amie, elle a choisi d'accueillir sa propre humanité : la capacité à se livrer, à s'ouvrir, à aimer, même au risque d'être blessée. Ce cheminement, parfois douloureux, lui a permis de poser de nouveaux repères dans ses relations. Elle prend aujourd'hui davantage de temps pour choisir à qui elle se confie, mais sans renoncer à la confiance ni à l'amitié. Cette expérience l'a rendue plus forte, plus lucide, mais aussi plus bienveillante envers elle-même.

De son côté, Karim, 38 ans, témoigne de la tentation du repli sur soi après avoir été trahi par un ami de longue date. Leur amitié semblait solide, fondée sur des années de complicité, de soutien et de confidences partagées. La trahison est venue sans prévenir et a ébranlé tout son univers relationnel. Dans l'immédiat, Karim a ressenti le besoin de se protéger, de fermer la porte à l'intimité, par peur d'être à nouveau blessé. Il avoue avoir eu envie de se couper des autres, de ne plus s'exposer, de ne plus rien risquer.

Mais Karim a choisi de lutter contre cette impulsion. Il a compris que céder à la méfiance généralisée, c'était offrir à la trahison un pouvoir durable sur sa vie. Il s'est fait violence pour rester ouvert, pour ne pas faire payer aux autres la faute commise par une seule personne. Au fil du temps, il a découvert que la confiance ne se donne pas aveuglément : elle se construit, patiemment, à travers des gestes, des preuves de loyauté, des moments partagés. Il a appris à écouter ses intuitions, à poser ses limites et à s'autoriser à avancer à son rythme dans la reconstruction du lien.

La trahison amicale, en plus de briser le lien de confiance avec l'autre, ébranle en profondeur l'image que l'on a de soi. Les pensées de doute surgissent : « Je n'ai pas su voir », « Je ne mérite pas qu'on me respecte », « J'ai été trop confiant, trop naïf.ve ». Ces questionnements, s'ils sont naturels après une telle blessure, peuvent insidieusement miner l'estime de soi et te faire oublier tes qualités. Pour te reconstruire, il est essentiel de te rappeler ce qui fait ta valeur, de te reconnecter à tes qualités humaines et à tes valeurs : ta loyauté, ta sincérité, ta capacité d'écoute, ta générosité. Ce sont ces forces qui font de toi un ami digne de confiance, et elles restent intactes, même après une trahison.

Prendre soin de toi au quotidien est une étape fondamentale dans ce travail de reconstruction. L'activité physique, les loisirs, les moments de plaisir, et les soins corporels sont des moyens concrets de te reconnecter à ton corps, à tes sensations et à la joie simple d'exister. Ils ancrent ton estime de toi dans le réel, dans le présent, loin des ruminations et des jugements intérieurs. Ces moments pour toi sont autant de preuves que tu mérites attention et douceur, indépendamment de ce que les autres t'ont fait subir.

Entoure-toi aussi de personnes bienveillantes, même si elles sont peu nombreuses. La qualité prime sur la quantité : une ou deux relations sincères et respectueuses suffisent souvent à te rappeler que la confiance existe, que tu es digne d'être aimé et respecté. Ces liens te serviront de repères pour reconstruire, petit à petit, une image positive de toi-même et retrouver la sécurité d'être accepté tel que tu es.

Accepte ta vulnérabilité comme une richesse, non comme une faiblesse. Oser faire confiance, oser s'ouvrir, ce n'est pas un défaut : c'est ce qui permet d'aimer, de partager, de vivre des liens profonds. La vulnérabilité est le terreau de l'authenticité et de l'intimité. La reconnaître, c'est t'autoriser à être pleinement toi, sans honte ni masque, et c'est là, au fond, que réside ta véritable dignité.

Après une trahison, rouvrir son cœur et accorder à nouveau sa confiance peut sembler une montagne insurmontable. La méfiance et l'appréhension sont naturelles : elles sont le reflet d'un instinct de protection blessé. Il est important de te donner le temps qu'il te faut, de respecter ton propre rythme, sans te forcer. La confiance n'est pas un don immédiat, mais une construction progressive, qui se bâtit sur des preuves concrètes et des expériences répétées.

Pour t'y aider, sois attentif.ve aux signes d'authenticité chez l'autre : observe la cohérence entre les paroles et les actes, la capacité à respecter tes limites, à s'excuser lorsqu'une maladresse survient, à écouter sans juger. Ces indices sont des jalons qui t'aideront à discerner les relations fiables des relations potentiellement toxiques. N'hésite pas à tester la relation par petites touches, sans tout livrer d'un coup, en partageant d'abord des choses peu sensibles, puis en ouvrant plus largement ton univers à mesure que la confiance s'installe.

Ose poser des questions, exprimer tes doutes, tes besoins, sans craindre d'être jugé. La transparence nourrit la confiance : c'est en osant dire ce qui t'habite que tu invites l'autre à la réciprocité et à la sincérité. Donne-toi aussi le droit de dire non, de reculer, de t'éloigner si quelque chose ne te convient pas. Apprendre à t'écouter et à respecter tes propres limites est la meilleure façon de te protéger sans pour autant te fermer aux autres.

Petit à petit, tu découvriras que la confiance peut renaître, enrichie de discernement et de maturité. Elle ne sera peut-être plus aussi spontanée qu'avant, mais elle sera plus solide, ancrée dans l'expérience et la connaissance de soi. Ce chemin demande du courage, mais il t'ouvre à la possibilité de relations plus vraies et plus épanouissantes.

Si elle est comprise et travaillée, la blessure de la trahison peut devenir un formidable moteur de croissance. Elle t'oblige à plonger en toi, à interroger tes fragilités, tes besoins, et à faire le point sur tes attentes dans l'amitié. Ce retour sur soi est l'occasion de mieux te connaître : quelles sont tes limites ? Quels sont les signes qui, la prochaine fois, t'alerteront ? Où sont tes besoins de sécurité, de reconnaissance, de partage ? Cette introspection, même douloureuse, t'apporte une clarté nouvelle sur ce qui est essentiel pour toi.

Par la suite, la trahison t'enseigne à poser des limites plus nettes, à t'écouter avec plus d'attention, à ne plus donner ta confiance aveuglément. Elle te rappelle l'importance de te respecter, de ne pas sacrifier tes besoins par peur de déplaire ou de perdre l'autre. Petit à petit, tu apprends à savourer davantage les relations saines, à en reconnaître la valeur, à être reconnaissant pour l'authenticité et la bienveillance dont tu es entouré.

La blessure t'aide aussi à distinguer la prudence de la fermeture, la lucidité de l'amertume. Tu apprends qu'il est possible d'être vigilant sans être méfiant, d'être ouvert sans te livrer sans discernement. Cette nuance est précieuse : elle te permet de rester dans l'ouverture, tout en te protégeant de ce qui pourrait à nouveau te blesser.

Transformée, la blessure devient source de force, de discernement et de profondeur. Elle fait de toi une personne plus consciente, mieux armée pour choisir ses liens, et capable d'apprécier toute la beauté de l'amitié, même au prix de la vulnérabilité.

Après une trahison, la tentation est grande de s'endurcir, de fermer son cœur, de ne plus rien donner ou partager. On se dit qu'ainsi, on ne souffrira plus ; on croit se protéger en devenant imperméable. Mais cette cuirasse, si elle apaise sur le moment, finit par isoler, par dessécher la capacité à aimer et à recevoir l'amour. La vraie force ne réside pas dans la fermeture, mais dans la capacité à rester vulnérable, à continuer d'oser s'ouvrir malgré la peur d'être blessé à nouveau.

Oser la vulnérabilité, c'est accepter de prendre le risque de l'intimité, de la déception, parfois de la douleur. Mais c'est aussi s'offrir la chance de vivre des relations riches, profondes, authentiques. La vulnérabilité n'est pas une faiblesse : elle est le socle de toute relation vraie, le lieu où l'on peut être vu, compris, aimé pour ce que l'on est réellement. C'est là que résident la beauté et la richesse des liens humains.

Retrouver cette ouverture demande du courage, de l'indulgence envers soi-même, et une confiance renouvelée en la vie. Cela suppose d'accepter les échecs passés, de pardonner – à soi comme aux autres – et de croire que la blessure n'est pas une fatalité. C'est un acte de foi en la possibilité du bonheur, de la rencontre, du partage.

En osant à nouveau la vulnérabilité, tu choisis la vie, la relation, l'amour. Tu transformes la peur en tremplin vers plus d'authenticité et de sens. Et tu offres à toi-même, ainsi qu'aux autres, la plus belle preuve de force et d'espérance qui soit.

Se reconstruire après une trahison demande du temps, de la patience, du soutien. Il s'agit d'un cheminement intérieur qui conduit, peu à peu, de la douleur au discernement, de la fermeture à la confiance retrouvée. La blessure ne disparaît jamais complètement, mais elle peut devenir un tremplin vers une plus grande sagesse, une humanité plus profonde. Le prochain chapitre t'invitera à explorer les clés du choix de nouveaux amis, pour bâtir des liens alignés avec tes aspirations et tes valeurs.

Chapitre 11

Les Clés pour Choisir de Nouveaux Amis

Après avoir traversé le deuil, la trahison, et la reconstruction, vient le temps de l'ouverture. Mais comment choisir de nouveaux amis ? Comment ne pas retomber dans les mêmes pièges, ni laisser le passé dicter tous nos choix ? L'amitié, comme toute relation humaine, suppose une part de risque, mais aussi une part de discernement : oser s'ouvrir, tout en restant fidèle à soi-même. Ce chapitre t'accompagne pas à pas dans cette nouvelle étape, afin de bâtir des liens plus sains, plus authentiques et plus nourrissants.

Avant de s'ouvrir à de nouveaux amis, il est essentiel de prendre le temps de clarifier ce que tu attends réellement d'une relation amicale. Trop souvent, après une blessure ou simplement par peur du vide, on se précipite dans de nouvelles rencontres pour combler un manque ou pour se rassurer, sans s'interroger sur la nature du lien que l'on souhaite créer. Ce réflexe est humain, mais il peut te conduire à reproduire des schémas anciens ou à accepter des relations qui ne te conviennent pas vraiment. Revenir à soi, à ses besoins, à ses désirs profonds, c'est poser la première pierre d'une amitié saine, consciente et épanouissante.

Commence par te demander : quelles sont les valeurs essentielles pour moi dans une relation ? Est-ce l'honnêteté, la loyauté, la bienveillance, l'ouverture d'esprit ? As-tu besoin de sentir que l'autre partage un certain sens de l'intégrité, ou préfères-tu la fantaisie et la spontanéité ? Ce questionnement t'aide à repérer plus rapidement les personnes qui vibrent sur la même fréquence que toi et à éviter de t'attacher à des relations incompatibles avec tes aspirations profondes. Les valeurs communes sont le socle d'une amitié durable, car elles permettent de traverser ensemble les épreuves et les désaccords avec respect et compréhension.

Interroge-toi également sur les comportements que tu n'es plus prêt à tolérer. Après une trahison ou une déception, tu as sans doute affiné ta connaissance de tes propres limites.

Peut-être as-tu compris que tu ne veux plus de relations où la moquerie, la jalousie, le contrôle ou la manipulation ont leur place. Identifier ces « lignes rouges » te permet de poser des limites saines dès le début et de ne plus sacrifier ton bien-être pour préserver la paix ou éviter la solitude. C'est un acte de respect envers toi-même et la promesse d'un lien plus équilibré.

Demande-toi ce qui te nourrit dans une relation : est-ce le partage, l'humour, le soutien, la stimulation intellectuelle, l'aventure, la tendresse ? Prendre conscience de ce qui fait vibrer ton cœur et ton esprit t'aide à choisir des amis qui te ressemblent et t'apportent ce dont tu as vraiment besoin. Plus tu es clair avec toi-même, plus tu attires des relations alignées avec tes désirs profonds, et plus tu t'épargnes des déceptions inutiles. C'est ainsi que tu pourras t'ouvrir à l'autre en confiance, sans peur de te perdre ou de te trahir.

Pour ne pas répéter les erreurs du passé et t'engager dans des relations qui te respectent, il est précieux d'apprendre à reconnaître les signes d'une amitié équilibrée. Une relation saine se construit sur la réciprocité : chacun donne et reçoit, sans compter ni tenir de comptes, simplement parce que l'échange est fluide et naturel. Il n'y a pas de sentiment d'obligation, ni de dette, ni de compétition pour savoir qui donne le plus ; au contraire, le plaisir est dans le partage et dans la générosité spontanée.

La liberté est un autre indicateur clé d'une relation harmonieuse. Dans une véritable amitié, tu te sens libre d'être toi-même, sans crainte d'être jugé ou moqué. Tu peux exprimer tes opinions, tes doutes, tes faiblesses, sans craindre une sanction ou une rupture du lien. Tu sais que tu peux dire non, poser tes limites, sans que cela mette en péril la relation ou déclenche des reproches : le respect de l'espace de chacun fait partie intégrante du lien.

La bienveillance est également un pilier fondamental. Un ami sincère se réjouit de tes réussites, t'encourage dans les moments difficiles, et ne cherche pas à te rabaisser pour se sentir mieux. Il ou elle est une source de soutien, de réconfort, de joie. La bienveillance se manifeste aussi dans la capacité à écouter sans juger, à offrir un regard empathique et une parole apaisante lorsque tu traverses des épreuves.

La confiance et la présence sont les ciments de l'amitié. Tu peux confier des parts de ta vie, de tes secrets, de tes fragilités, sans craindre d'être trahi ou ridiculisé. Même si la vie est parfois chargée, chacun trouve du temps pour nourrir le lien, sans pression ni reproche : la qualité du temps partagé prime sur la quantité. Si une relation naissante réunit ces différents ingrédients, elle mérite d'être explorée, cultivée et protégée, car elle a toutes les chances de devenir une source de bonheur, de soutien et d'épanouissement durable.

Après une trahison ou une suite de déceptions amicales, il est tout à fait naturel de ressentir le besoin d'aller lentement dans la construction de nouveaux liens. Il n'y a aucune obligation à tout partager, à dévoiler immédiatement tes pensées les plus intimes ou à confier tes vulnérabilités dès les premiers échanges. Prendre son temps, c'est se donner la chance de construire une relation sur des bases solides, d'observer comment elle évolue dans la durée et face aux petites épreuves du quotidien. La lenteur permet de laisser le lien s'installer à son rythme, sans précipitation ni pression, en respectant à la fois ton histoire et ton besoin de sécurité.

Ce temps d'observation est précieux pour comprendre qui se tient vraiment en face de toi. Prends le recul d'observer comment l'autre réagit à tes limites : les respecte-t-il ? Est-il capable d'écouter tes besoins, de reconnaître ses torts, de s'excuser si nécessaire ? La réaction de l'autre à tes succès, à ta vulnérabilité, à tes moments de doute est révélatrice de la qualité de la relation. La prudence n'est pas synonyme de froideur ni de méfiance excessive ; c'est une forme de bienveillance envers toi-même, un soin qui t'évite de t'engager trop vite dans une histoire qui ne serait pas saine ou nourrissante.

Adopter la lenteur, c'est aussi accepter que la confiance se mérite et se construit, brique après brique. Tu as le droit de poser des étapes, de tester la relation dans différents contextes, de t'assurer que tu peux vraiment être toi-même sans crainte d'être blessé.e. Cette approche progressive te permet d'avancer avec confiance, de laisser la place à une amitié authentique, et de ne pas reproduire les élans précipités du passé qui t'ont peut-être déjà coûté cher. Oser la lenteur, c'est t'offrir la sécurité intérieure qui favorise l'épanouissement d'un lien sincère et durable.

Après des relations toxiques ou décevantes, il est courant, souvent inconsciemment, de se retrouver à attirer ou à s'attacher à des personnes qui rappellent le passé. Ce phénomène psychologique, où l'on cherche à réparer une ancienne blessure en rejouant un scénario similaire, peut devenir un véritable cercle vicieux. Il est essentiel d'apprendre à repérer les signes avant-coureurs – ou signaux rouges – dès les premiers instants : comportements manipulateurs, jalousie excessive, exigences déraisonnables, manque de respect ou d'écoute. Ces indices sont précieux pour ne plus t'enfoncer dans des relations qui te font du mal.

Un bon moyen de sortir de ces schémas est de t'interroger honnêtement sur ce que tu ressens en présence de la nouvelle personne. Te sens-tu vraiment bien ? Ou bien une partie de toi perçoit-elle une tension, une sensation de déjà-vu ? Parfois, tes réactions émotionnelles ou physiques peuvent t'alerter bien avant que ton esprit ne comprenne ce qui se passe. Prendre au sérieux ces signaux, c'est te donner la permission de ne plus subir, mais de choisir activement ce qui est bon pour toi.

Il est important d'accepter de couper court dès les premiers signes inquiétants, sans attendre que la situation s'aggrave. Cela demande du courage, mais c'est un acte de respect envers toi-même. Plus tu affirmes ta capacité à identifier et à refuser ce qui ne te convient pas, plus tu élargis la place pour accueillir des relations nouvelles, saines et nourrissantes. Sortir des schémas répétitifs, c'est te libérer du poids du passé et t'ouvrir à la possibilité d'un présent différent, choisi en conscience.

Lorsque l'on a été blessé, il est tentant de rechercher des amis qui nous ressemblent en tout point, pensant que la similarité protège des conflits ou des incompréhensions. Pourtant, la véritable richesse de l'amitié réside dans la diversité : fréquenter des personnes d'âges, d'origines, de milieux ou de visions du monde différents t'ouvre à de nouvelles perspectives et nourrit ta curiosité. Ces rencontres inattendues peuvent t'apporter un souffle nouveau, te faire grandir, remettre en question tes certitudes et enrichir ta palette émotionnelle et intellectuelle.

Oser la diversité, c'est aussi accepter que l'on puisse être profondément lié à quelqu'un même sans partager tous ses goûts, toutes ses idées ou son parcours. L'essentiel reste de partager des valeurs communes, comme le respect, la bienveillance, l'écoute et la sincérité. La différence ne doit pas être source de conflit, mais de dialogue, d'apprentissage et d'inspiration mutuelle. C'est dans la rencontre de l'autre, dans ce qu'il a d'unique, que tu peux découvrir des aspects inédits de toi-même et du monde.

S'ouvrir à la diversité, c'est un moyen de sortir de la répétition et d'éviter de retomber dans les mêmes schémas relationnels. Cela t'invite à explorer, à t'ajuster, à apprendre à t'adapter à des personnalités variées, tout en restant fidèle à ton identité et à tes besoins essentiels. C'est ainsi que tu pourras élargir ton cercle social et faire de l'amitié une aventure vivante, surprenante et épanouissante.

Dès les premiers instants d'une nouvelle amitié, il est précieux d'apprendre à t'affirmer pour poser les bases d'une relation claire et authentique. Cela commence par l'expression de tes besoins et de tes limites, même sur des points qui peuvent sembler anodins. Par exemple, dire si tu as besoin de moments de solitude, si tu préfères communiquer par messages ou en face à face, ou si tu n'aimes pas être bousculé dans ton emploi du temps. Ces petits signaux posent un cadre sain et évitent les malentendus.

Oser formuler ce que tu attends d'une relation est aussi un acte fondateur. Peut-être recherches-tu plus de profondeur, des échanges philosophiques, ou au contraire une relation légère, ponctuée d'activités ludiques ; peut-être as-tu besoin de plus de temps partagé ou, à l'inverse, d'une relation moins présente. Exprimer tes attentes, c'est donner à l'autre la possibilité de s'ajuster ou de clarifier sa propre position, et ainsi de construire un lien basé sur la réciprocité et la compréhension mutuelle.

Observe ensuite la réaction de l'autre à ta sincérité. Un véritable ami respectera tes besoins, même s'il ne les partage pas toujours. Il saura accueillir ta franchise sans se sentir menacé ou blessé. Cette capacité à recevoir l'autre dans son authenticité est le signe d'une relation saine et prometteuse. T'affirmer dès le début, c'est donc te donner toutes les chances de bâtir une amitié solide, où chacun peut exister pleinement, sans masque ni compromis excessif.

Un exercice puissant pour affiner ton discernement dans tes futures relations amicales consiste à rédiger le portrait-robot de l'ami idéal. Prends le temps de lister, sans autocensure, tous les traits de caractère, valeurs, attitudes et comportements que tu aimerais retrouver chez un ami. Peut-être cherches-tu la loyauté, l'humour, la douceur, la curiosité, l'authenticité, la capacité à soutenir sans juger, ou encore l'aptitude à respecter ton espace personnel. Écris aussi ce qui est rédhibitoire pour toi : les « non négociables », comme la malveillance, la jalousie, le mensonge ou l'égocentrisme.

Ce portrait n'est pas un cahier des charges rigide destiné à trouver la personne parfaite – qui n'existe pas – mais plutôt un guide intérieur pour mieux te connaître et reconnaître ce qui compte vraiment pour toi. Il t'aide à rester fidèle à tes besoins, à tes valeurs, à ne plus te perdre dans des relations qui ne te correspondent pas. Ce travail d'introspection te permet aussi de repérer plus facilement les personnes qui vibrent sur la même longueur d'onde que toi, et d'éviter de t'attacher à des profils incompatibles.

Garde ce portrait à portée de main, relis-le régulièrement et ajuste-le au fil de tes expériences et de ton évolution. Utilise-le comme une boussole chaque fois que tu rencontres de nouvelles personnes, pour t'assurer que tu ne t'écartes pas de ce qui est essentiel à ton épanouissement. Cet exercice t'encourage à faire des choix plus conscients et à te respecter, tout en restant ouvert à l'imprévu et à la magie des rencontres.

Le parcours de Mathilde, 45 ans, illustre l'importance de la reconstruction après des expériences amicales douloureuses. Pendant longtemps, elle a entretenu des relations avec des personnes qui, avec le recul, se sont avérées toxiques – des amitiés marquées par la jalousie, les manipulations ou les attentes démesurées. La rupture avec ces amis n'a pas été facile : elle a nécessité du courage, de la lucidité, et un travail d'introspection parfois éprouvant. Mathilde raconte que, dans un premier temps, le sentiment de solitude a été pesant. Elle a dû apprivoiser le vide laissé par l'absence de ces relations, se confronter au silence et à elle-même, et accepter l'inconfort d'une période de transition. Mais cette étape de solitude a eu une vertu essentielle : celle de lui permettre de se retrouver, de redécouvrir ses propres goûts, valeurs et envies, sans l'influence des autres.

Ce n'est que progressivement, avec patience et prudence, que Mathilde a laissé entrer de nouvelles personnes dans sa vie. Elle s'est ouverte à des profils très différents de ceux qu'elle fréquentait auparavant : des individus venus d'autres horizons, porteurs de regards inédits, de parcours variés et de valeurs parfois éloignées des siennes, mais unis par une même bienveillance et une sincérité authentique. Cette diversité l'a enrichie, lui permettant de sortir de ses anciens schémas et d'élargir sa vision du monde. Au fil du temps, son cercle d'amis s'est resserré, mais il est devenu infiniment plus précieux. Mathilde insiste sur la profondeur et la qualité de ces nouvelles amitiés : « Aujourd'hui, j'ai un cercle plus restreint, mais tellement plus riche et sincère. » Elle ne regrette pas le passé, car ce cheminement l'a menée à des relations vraies, respectueuses, où chacun peut être pleinement soi-même.

Le témoignage de Romain, 29 ans, met en lumière une autre facette essentielle de la reconstruction amicale : celle de la lenteur et de la prudence. Romain confie avoir longtemps eu tendance à se précipiter dans les relations, mû par la peur du vide et l'envie de combler un manque affectif. Cette précipitation le poussait à tout donner trop vite, à s'ouvrir sans discernement, et, souvent, à se retrouver déçu, voire blessé par ceux en qui il avait placé sa confiance. Un jour, fatigué de ce cycle répétitif, il a décidé de changer de posture. Il a appris à observer l'autre avant de s'engager, à poser ses limites avec douceur mais fermeté, à tester la confiance par petites touches avant de livrer ses secrets ou ses attentes les plus profondes.

Ce changement a opéré une véritable transformation dans sa vie relationnelle. Romain a découvert que la lenteur n'était pas synonyme de méfiance, mais d'attention et de respect : respect de soi, mais aussi de l'autre. En laissant le temps à la relation de s'installer, il a pu mieux discerner les intentions de ses nouveaux amis, repérer les personnes authentiques, et éviter les enthousiasmes précipités qui mènent à la déception. « Ça change tout : je me sens respecté, et je respecte davantage l'autre aussi », affirme-t-il aujourd'hui. Cette nouvelle façon d'aborder l'amitié lui a permis de vivre des liens plus équilibrés, plus sains, où chacun trouve sa juste place et où la confiance se construit, pas à pas, dans la réciprocité et la bienveillance.

Ces témoignages, chacun à leur manière, prouvent qu'il est possible de se relever de blessures amicales, d'apprendre de ses erreurs et de tisser des liens plus vrais, plus solides. Ils rappellent que la solitude n'est pas une fatalité, mais parfois un passage nécessaire pour mieux se connaître et mieux choisir ses relations. Ils montrent aussi que la prudence, la diversité et l'affirmation de soi sont les piliers d'amitiés nouvelles, plus respectueuses et plus profondes, capables de résister au temps et aux épreuves.

La solitude, surtout après la fin d'une amitié ou durant une période de transition relationnelle, est souvent vécue comme un vide, un creux lourd à porter. Beaucoup la redoutent, la fuient, ou cherchent à la combler à tout prix, parfois au détriment de leur bien-être. Pourtant, ce temps passé seul, entre deux cycles d'amitié, possède une valeur inestimable. Il offre un espace de respiration, un moment pour faire le point sur ce que tu viens de traverser, pour panser les blessures encore vives, et pour comprendre ce qui, dans tes anciennes relations, n'était plus en accord avec qui tu es devenu. Cette pause, loin d'être un échec, est une étape nécessaire pour guérir et repartir sur des bases plus saines.

Accueillir la solitude, c'est aussi se donner la chance de se recentrer. Dans le silence et l'absence du regard de l'autre, tu peux te reconnecter à tes envies profondes : ce qui te fait vibrer, ce qui t'anime, ce qui nourrit vraiment ton cœur et ton esprit. Ce temps pour toi favorise l'introspection : il t'aide à entendre ta propre voix, à distinguer tes désirs véritables des attentes des autres, à découvrir de nouvelles passions ou à renouer avec des rêves oubliés. La solitude devient alors un terrain fertile où germent de nouveaux projets, une créativité renouvelée, et une liberté retrouvée.

Apprendre à apprécier la solitude t'épargne de retomber dans l'attachement par manque ou par peur. Quand tu sais que tu es capable de vivre des moments riches et heureux seul, tu n'as plus besoin de te précipiter dans des relations qui ne te conviennent pas vraiment. Tu fais le choix de la qualité, de la sincérité, plutôt que de la compagnie à tout prix. La solitude choisie est alors un acte d'amour envers toi-même : elle te permet de mieux te connaître, de consolider ton estime de toi, et de préparer le terrain pour des amitiés plus justes, plus authentiques, qui répondront à tes besoins réels et non à tes insécurités passagères.

L'une des plus belles surprises de la vie est que l'amitié, comme l'amour, surgit parfois là où on ne l'attend pas. Lorsque tu t'ouvres à l'imprévu, tu donnes à la vie la possibilité de t'offrir des rencontres inattendues, qui échappent à tes plans, à tes schémas, à tes habitudes. Une rencontre fortuite dans une file d'attente, un projet commun qui rassemble des inconnus, une activité nouvelle qui t'amène à croiser des personnes d'horizons différents : autant d'occasions de tisser des liens inattendus, parfois plus puissants et plus sincères que ceux que tu aurais pu prévoir.

Pour cela, il est nécessaire d'oser sortir de ta zone de confort. Cela peut passer par des gestes simples : t'inscrire à un atelier ou à un club, t'investir dans une association locale, participer à un événement culturel ou sportif, ou encore renouer avec d'anciens contacts laissés de côté par le temps. Chaque démarche, même anodine en apparence, est une ouverture à la nouveauté, un pas vers l'inconnu, et parfois une porte vers une amitié précieuse. En cultivant la curiosité, en acceptant de ne pas tout maîtriser, tu permettras à la vie de te surprendre et d'enrichir ton univers relationnel.

Il est important, dans cette ouverture à l'imprévu, de ne pas placer la barre trop haut ni de te mettre la pression. Laisse les rencontres se faire à leur rythme, sans attentes démesurées, sans chercher à tout prix à combler un manque. Accueille chaque échange avec bienveillance, comme une expérience, sans enjeu ni obligation de résultat. Tu découvriras ainsi que les plus belles amitiés naissent souvent de la spontanéité, de l'authenticité et d'une simple envie de partager, sans forcer le destin. S'ouvrir à l'imprévu, c'est accepter de lâcher le contrôle, de faire confiance à la vie… et de se laisser étonner par sa générosité.

Choisir de nouveaux amis est un acte d'autonomie et de lucidité. C'est s'autoriser à écrire une nouvelle page, sans renier le passé mais sans s'y enfermer. Prends le temps d'observer, de t'écouter, de poser tes critères et de rester ouvert à la surprise. C'est ainsi que naissent les liens les plus authentiques, ceux où le masque tombe, et où le sourire devient le reflet fidèle du cœur.

Chapitre 12

Cultiver l'Authenticité dans ses Relations

L'authenticité est souvent présentée comme une vertu cardinale de l'amitié, mais elle n'est ni innée ni acquise une fois pour toutes. Elle se cultive au quotidien, par des actes et des choix, parfois à contre-courant des habitudes sociales ou des peurs personnelles. Être authentique, ce n'est pas tout dire, tout le temps, mais oser être vrai, exprimer ce que l'on ressent, accueillir l'autre dans sa différence et sa vérité. Ce chapitre t'invite à explorer les chemins de l'authenticité, à en repérer les obstacles, et à découvrir comment la nourrir pour vivre des relations plus profondes et plus épanouissantes.

L'authenticité, au cœur des relations humaines, est cet état précieux où nos émotions, nos pensées, nos paroles et nos actes sont alignés. Cela signifie que ce que tu ressens à l'intérieur se reflète honnêtement dans ce que tu exprimes et dans la façon dont tu agis dans le monde. Cette cohérence profonde entre l'être et le paraître n'est pas innée : elle demande une réelle connaissance de soi, une exploration patiente de ses émotions, de ses besoins, de ses valeurs et de ses aspirations. Apprendre à se connaître, c'est oser regarder ses zones d'ombre comme ses lumières, sans fard ni complaisance, et accueillir la complexité de son monde intérieur.

Mais l'authenticité ne s'arrête pas à la conscience de soi : elle exige aussi le courage de s'exposer. Dire ce que l'on pense, exprimer ce que l'on ressent, formuler ses besoins ou ses désirs, voilà qui peut générer de l'inconfort, du doute, voire la peur du rejet. Pourtant, cette mise à nu, même partielle, est essentielle pour vivre des relations vraies, où chacun peut être reconnu dans son unicité. Le courage d'être authentique, c'est donc d'accepter de sortir de la facilité, d'affronter la possibilité de ne pas être compris, mais de rester fidèle à soi-même malgré tout.

L'authenticité intègre aussi le respect de l'autre. Être aligné avec ce que l'on ressent et pense ne signifie pas imposer sa vérité, ni la brandir comme une arme. L'autre a ses propres émotions, ses propres besoins, ses propres vérités, parfois en décalage avec les nôtres. L'authenticité, c'est donc aussi la capacité à dialoguer, à accueillir la différence, à ajuster son discours avec bienveillance pour que la sincérité n'écrase pas l'autre, mais devienne une invitation à l'échange et à la compréhension.

Il est essentiel de distinguer authenticité et impulsivité. Être authentique ne signifie pas dire tout ce qui nous passe par la tête, sans filtre ni considération. C'est la capacité à choisir ses mots, à exprimer la vérité avec délicatesse, sans chercher à blesser ou à manipuler. L'authenticité est une force tranquille, ancrée dans le respect de soi et d'autrui, qui favorise des relations plus profondes et plus saines.

Pratiquer l'authenticité dans ses relations, c'est d'abord s'offrir une liberté intérieure immense. Lorsque tu n'as plus à jouer un rôle, à porter de masque pour être accepté.e, tu ressens un soulagement profond : celui d'être pleinement toi, sans peur du jugement ni besoin de composer avec les attentes des autres. Cette liberté permet de respirer, de vivre avec plus de légèreté, et d'investir son énergie dans ce qui compte vraiment, plutôt que dans la surveillance permanente de ses paroles et de ses gestes.

L'authenticité renforce aussi la confiance, aussi bien envers soi-même qu'au sein des relations. On sait qu'on peut compter sur la parole de l'autre, sur la transparence de ses intentions. Cette confiance mutuelle est le pilier des liens solides : elle rassure, sécurise, et permet d'oser aller plus loin, de partager davantage, de traverser ensemble les difficultés sans crainte de trahison ou de double discours. L'authenticité nourrit ce sentiment précieux de sécurité affective dont chacun a besoin.

Un autre bénéfice majeur de l'authenticité est la profondeur des liens qui se tissent. Lorsque la vulnérabilité se partage, un espace d'intimité s'ouvre, où il devient possible d'être vu et accepté dans sa vérité. Ce partage des failles et des forces rapproche, crée la complicité, l'attachement et la fidélité. Les amitiés authentiques sont celles qui résistent au temps, aux épreuves, car elles reposent sur une base sincère, sans jeux de rôles ni faux-semblants.

Vivre dans l'authenticité, c'est réduire considérablement le poids des conflits larvés et des non-dits. Lorsque les tensions sont exprimées, discutées et traitées, elles ne s'accumulent pas en rancœurs ou en malentendus. Il y a moins de place pour les malentendus, les suspicions, les frustrations silencieuses. Les relations gagnent en clarté et en fluidité. Et, très souvent, l'authenticité attire à soi des personnes capables de la recevoir et de la partager, créant ainsi un cercle vertueux dans la vie relationnelle.

Malgré ses bienfaits, l'authenticité n'est pas toujours facile à vivre. Le premier obstacle majeur est la peur du rejet ou du jugement. Nombreux sont ceux qui se demandent : « Si je suis vraiment moi-même, vais-je encore être aimé ? » Cette peur puise ses racines dans l'enfance, dans des expériences passées où la différence, la sincérité, ou la sensibilité ont pu être sanctionnées, moquées, ou ignorées. Elle génère parfois une autocensure, un repli sur soi, ou la tentation de se conformer à ce que l'on pense que les autres attendent de nous.

Un autre frein puissant est la peur du conflit. Exprimer un désaccord, affirmer un besoin qui contredit ceux de l'autre, ou dévoiler une vérité inconfortable, peut faire craindre la rupture, la dispute, ou l'incompréhension. Beaucoup préfèrent alors taire ce qui les dérange, endosser le rôle du conciliant, quitte à sacrifier leur authenticité. Mais cette stratégie, à long terme, érode la confiance en soi et la qualité des relations.

L'habitude des rôles sociaux représente aussi un obstacle important. Au fil des années, chacun développe des « personnages » : le drôle, le confident, le protecteur, le battant. Ces rôles, parfois utiles pour s'intégrer ou se sentir valorisé, finissent par enfermer, empêchant l'expression des autres facettes de soi. Il devient alors difficile de s'en détacher, de peur de ne plus être aimé pour ce que l'on est vraiment.

Le manque de modèles d'authenticité dans l'entourage complique la tâche. Si, dans la famille ou le cercle social, la sincérité n'a jamais été encouragée ou valorisée, il est compliqué de s'autoriser à l'être. L'authenticité se nourrit aussi de l'exemple : voir d'autres oser leur vérité, avec bienveillance et respect, aide à franchir le pas et à s'accorder ce droit.

Devenir plus authentique est un chemin qui demande patience, indulgence et pratique. Un premier pas consiste à prendre du temps pour soi, à s'interroger sur ce que l'on ressent vraiment. La méditation, l'écriture, l'introspection sont des outils précieux pour clarifier ses émotions, ses besoins, ses valeurs. En prenant ce temps d'écoute intérieure, tu développes une meilleure compréhension de toi-même, condition essentielle à l'authenticité.

La deuxième étape est d'oser exprimer ses émotions, même sur des sujets simples et quotidiens. Dire « Je me sens fatigué », « Ce sujet me touche », ou « J'ai besoin de temps pour réfléchir » permet d'apprivoiser l'expression de soi. Plus tu t'exerces à partager tes ressentis, plus cela devient naturel, et plus tu invites l'autre à faire de même. Cette habitude crée un climat de confiance et de sincérité.

Apprendre à dire non est une étape incontournable sur le chemin de l'authenticité. Respecter ses propres limites, même au prix de décevoir ou de contrarier, est un acte de courage et de fidélité à soi. C'est en posant des limites claires que tu préserves ton énergie et que tu montres à l'autre qu'il peut aussi être lui-même, sans craindre la fusion ou la dépendance.

La pratique de l'écoute active est un formidable catalyseur d'authenticité. Accueillir l'autre tel qu'il est, sans jugement, sans chercher à corriger ou à convaincre, favorise l'expression sincère des deux côtés. Il est également important d'accepter l'imperfection : nul n'est parfaitement cohérent ou transparent en permanence. Il s'agit de tendre vers plus de vérité, tout en faisant preuve de compassion envers soi et les autres lorsque l'on trébuche ou que l'on se cache temporairement derrière un masque.

L'authenticité va de pair avec la capacité à montrer sa vulnérabilité. Oser révéler ses peurs, ses doutes, ses failles, sans se cacher derrière des postures de force ou de contrôle, demande du courage. Cette ouverture n'est pas une faiblesse, bien au contraire : elle est le signe d'une grande force intérieure, d'une confiance en soi suffisamment solide pour assumer son humanité. Montrer sa vulnérabilité, c'est offrir à l'autre un espace de vérité, où il peut, lui aussi, déposer ses masques et partager ses fragilités.

Quand deux personnes acceptent d'être authentiques et vulnérables ensemble, quelque chose de rare et de précieux se crée : une intimité profonde, un sentiment d'être compris et accepté dans sa globalité. Cette complicité nourrit la relation, lui donne une assise solide, car elle est ancrée dans le réel et non dans l'illusion. La vulnérabilité partagée est le ciment des amitiés profondes : elle permet de traverser les tempêtes ensemble, de se soutenir dans les moments difficiles, de grandir côte à côte.

Accepter sa propre vulnérabilité, c'est aussi se donner le droit à l'erreur, à l'imperfection. Cela invite à la bienveillance, à l'indulgence envers soi-même et envers l'autre. On apprend que l'on peut être aimé non pas malgré ses failles, mais aussi grâce à elles, car elles nous rendent plus accessibles, plus humains, plus vrais. Loin de nous isoler, la vulnérabilité authentique crée du lien.

Il ne s'agit pas de tout dévoiler à tout le monde, tout le temps. L'authenticité et la vulnérabilité se partagent avec discernement, selon le contexte, la relation, et le respect de ses propres limites. Mais chaque pas vers plus de vérité rapproche de soi-même et de l'autre, et transforme peu à peu la qualité de toutes les relations.

Prendre le risque de l'honnêteté, c'est admettre que l'authenticité peut parfois provoquer des remous. Il arrive que l'autre ne comprenne pas, se sente blessé ou même s'éloigne. C'est une épreuve difficile, car elle réactive la peur du rejet ou de la solitude. Pourtant, c'est le seul chemin pour créer des relations sincères, profondes et durables. Accepter que tout le monde ne puisse pas ou ne voudra pas recevoir ta vérité, c'est aussi faire le tri : seules les personnes capables d'accueillir qui tu es vraiment resteront à tes côtés.

L'honnêteté authentique n'est pas de la brutalité gratuite. Elle se pratique avec douceur, en tenant compte de la sensibilité de l'autre, en choisissant le moment et les mots. Mais elle implique aussi de ne pas se trahir, de ne pas se renier pour préserver une paix artificielle. Ce courage d'être vrai, même au risque de déplaire, est ce qui distingue les relations profondes des relations superficielles.

Au fil du temps, tu découvriras que l'honnêteté attire à toi des personnes qui partagent cette même exigence de vérité. Les liens deviennent ainsi plus solides, plus nourrissants, car ils reposent sur une confiance réciproque. Tu n'as plus à craindre les trahisons ou les jeux de pouvoir : ce que tu vois est ce qui est, et chacun assume sa part de responsabilité dans la relation.

Prendre le risque de l'honnêteté, c'est aussi s'offrir la liberté d'être pleinement soi. C'est une déclaration d'amour à soi-même, un acte d'affirmation qui dit : « Je mérite d'être aimé pour qui je suis, pas pour l'image que je donne. » Même si ce chemin demande du courage et peut entraîner des pertes, il ouvre la voie à des relations plus vraies, plus alignées, où la joie d'être soi l'emporte sur la peur d'être abandonné.

Pour développer ton authenticité, je te propose un exercice concret : la minute de vérité. Choisis une relation dans laquelle tu sens que tu portes encore un masque, où tu n'oses pas exprimer pleinement tes ressentis ou tes besoins. Lors de votre prochain échange, accorde-toi une minute pour dire, avec douceur et bienveillance, ce que tu gardais habituellement pour toi. Il peut s'agir d'une émotion : « Je me sens parfois mal à l'aise quand tu fais telle remarque », d'un besoin : « J'aimerais te voir plus souvent », ou d'un ressenti positif : « Ta présence me fait du bien et je voulais te le dire. »

Observe ce qui se passe en toi au moment où tu t'exprimes : la nervosité, le soulagement, la peur, la fierté. Accueille toutes ces sensations sans jugement, comme le signe d'un pas important vers plus de vérité. Prends aussi le temps de regarder la réaction de l'autre : écoute-t-il vraiment, comment réagit-il à ta sincérité, cela modifie-t-il la dynamique entre vous ? Cet exercice te communique des informations précieuses sur la solidité et la capacité d'accueil de la relation.

Tu découvriras peut-être que l'autre reçoit très bien ta parole, qu'il en est touché ou qu'il ose, à son tour, s'ouvrir un peu plus. Parfois, il se peut aussi que la réaction soit plus froide, défensive ou inconfortable. Ce n'est pas un échec : l'important est d'avoir osé, d'avoir honoré ta vérité, et de voir ce que cela produit dans la relation. Avec le temps, ces petites minutes de vérité deviendront plus aisées, et t'aideront à t'ancrer dans une authenticité plus naturelle.

Renouvelé régulièrement, cet exercice agit comme un entraînement : il te permet d'ajuster ta communication, de mieux écouter tes besoins, et de t'entourer de personnes capables de recevoir ta vérité. C'est ainsi que tu peux transformer, pas à pas, la qualité de toutes tes relations, et t'offrir la joie d'être pleinement toi, en toutes circonstances.

Le témoignage de Clémence, 30 ans, met en lumière le poids qu'on peut porter en choisissant inconsciemment de jouer un rôle pour préserver l'harmonie du groupe ou répondre aux attentes des autres. Pendant longtemps, elle s'est imposée l'image de la fille toujours positive, celle qui rassure, qui encourage, qui ne laisse jamais apparaître ses faiblesses. Ce masque de la bonne humeur, aussi réconfortant soit-il pour l'entourage, finit par devenir un fardeau. Clémence raconte que, derrière cette façade, ses tristesses, ses anxiétés et ses doutes grandissaient en silence, faute de pouvoir être partagés. C'est en osant, un jour, avouer à ses amis qu'elle traversait une période difficile, qu'elle a vu la dynamique de ses relations changer. Loin de la rejeter ou de s'éloigner, ses proches lui ont offert écoute, réconfort et soutien. Elle a découvert que sa vulnérabilité était accueillie avec douceur, et que le fait de se montrer telle qu'elle était, dans toute son humanité, avait renforcé leurs liens. Cette expérience l'a libérée du poids de la perfection et l'a invitée à vivre des amitiés plus vraies et plus profondes.

L'histoire de Fabrice, 41 ans, illustre une autre facette de l'authenticité : celle de la franchise dans les petites choses du quotidien. Pendant des années, il a laissé passer les blagues de son meilleur ami, même quand celles-ci le blessaient. Par peur de mettre l'autre mal à l'aise, de gâcher l'ambiance ou de passer pour trop susceptible, il préférait se taire et encaisser. Mais ce silence, à la longue, créait une distance sourde et une accumulation de ressentiments. Ce n'est qu'en osant, calmement et sincèrement, dire à son ami que certaines plaisanteries lui faisaient du mal que Fabrice a ressenti un changement profond dans leur relation. À sa grande surprise, son ami n'a pas mal réagi : il a apprécié cette honnêteté, s'est excusé, et a pris en compte ses sentiments. Pour Fabrice, ce moment a été un tournant : il a compris que l'amitié adulte, mature, se nourrit de dialogues vrais, où chacun peut exprimer ce qu'il ressent sans peur d'être rejeté ou jugé.

Ces témoignages montrent à quel point l'authenticité, même dans ses manifestations les plus simples, transforme la qualité des liens. Oser dire sa tristesse, son malaise, ses besoins ou ses limites, ce n'est pas prendre le risque de perdre les autres, mais souvent leur offrir l'occasion de se rapprocher, de s'impliquer, d'aimer plus pleinement. À travers l'expérience de Clémence et de Fabrice, on comprend que l'authenticité n'éloigne pas : elle attire à soi des relations plus profondes, plus vraies, plus soutenantes. Elle libère de la solitude intérieure et donne naissance à une complicité qui repose sur la confiance et la bienveillance mutuelle.

Ces récits rappellent que la sincérité est contagieuse. Quand l'un ose tomber le masque, il ouvre la voie à l'autre pour faire de même. C'est ainsi que, peu à peu, l'amitié devient un espace sécurisé où l'on peut déposer ses fardeaux, partager ses joies comme ses peines, et grandir ensemble dans l'acceptation de soi et de l'autre. L'authenticité, loin de fragiliser la relation, en devient le socle indestructible.

L'authenticité n'est jamais totalement acquise : elle s'inscrit dans un cheminement, fait de progrès, de pauses et parfois de retours en arrière. Il est naturel de connaître des moments de doute, de retomber dans des anciens rôles, ou de masquer temporairement ce que l'on ressent. L'important est de rester bienveillant envers soi, de ne pas confondre perfection et sincérité, et de garder le cap. Chaque pas, même minuscule, vers plus de vérité intérieure et extérieure, contribue à renforcer la confiance que l'on se porte à soi-même et la solidité des liens que l'on tisse.

Il est utile de prendre régulièrement le temps de faire le point sur ses relations. Demande-toi : te sens-tu libre d'être totalement toi-même avec tes amis ? Y a-t-il des sujets que tu évites, des émotions que tu retiens, des opinions que tu n'oses pas partager ? Ces questions ne sont pas là pour pointer du doigt ce qui ne va pas, mais pour t'aider à avancer vers une plus grande authenticité, et ajuster ce qui doit l'être. Parfois, il suffit d'un petit pas, d'un mot sincère, pour ouvrir une nouvelle voie dans la relation.

Célèbre chaque moment où tu as osé la sincérité, même si le résultat n'a pas été parfait. L'authenticité se construit dans l'expérience : à force de pratiquer, tu gagneras en assurance, tu apprendras à mieux doser ce que tu partages et à t'adapter à la sensibilité de l'autre. Souviens-toi que chaque effort pour être vrai, chaque parole posée dans la confiance, est une victoire sur la peur et un cadeau pour la relation.

Entoure-toi de personnes qui stimulent ton authenticité. Les relations dans lesquelles chacun s'autorise à être pleinement soi sont celles qui grandissent, se renforcent et traversent le temps. Cherche la compagnie de ceux qui écoutent sans juger, qui partagent leur propre vérité, qui t'encouragent à t'exprimer pleinement. Ce cercle vertueux te donnera la force de poursuivre ce chemin, même quand il te semble difficile.

Être authentique, ce n'est pas seulement se faire du bien à soi : c'est aussi offrir un cadeau précieux à l'autre. En osant montrer tes émotions, tes doutes, tes joies, tu crées un espace de confiance où chacun peut se sentir accueilli dans sa propre vérité. L'authenticité agit comme une permission silencieuse : elle invite l'autre à tomber le masque, à sortir des rôles, à partager ses propres fragilités. Dans cette atmosphère, il devient possible de rencontrer l'autre dans sa profondeur, sans fard ni artifice.

Ce don d'authenticité est une marque de respect et d'amour profond. Il signifie : « Je te fais suffisamment confiance pour me montrer tel que je suis ; je t'honore en te présentant ma vérité, et je t'invite à en faire autant. » Cette réciprocité nourrit le lien, lui donne une dimension unique, car elle repose sur une acceptation mutuelle et sur la certitude que l'on n'a rien à prouver pour être aimé. Offrir l'authenticité, c'est offrir la possibilité d'une relation qui ne se contente pas de la surface, mais qui s'ancre dans la réalité de chaque être.

L'authenticité partagée permet aussi de porter ensemble les fardeaux, d'alléger ce qui pèse et de célébrer les victoires avec sincérité. Dans un monde où la superficialité et les faux-semblants sont monnaie courante, créer un espace où la vérité a droit de cité est un acte révolutionnaire. C'est la promesse d'amitiés qui guérissent, qui élèvent, qui accompagnent dans la durée.

En fin de compte, l'authenticité est une invitation : celle de marcher côte à côte sur le chemin de la vie, en acceptant ce que l'on est, et en accueillant ce que l'autre est. C'est ainsi que naissent les liens les plus beaux, les plus durables, et les plus nourrissants.

Cultiver l'authenticité dans ses relations, c'est choisir la vérité plutôt que la facilité, la profondeur plutôt que la surface, l'intimité plutôt que la peur. C'est un chemin exigeant, mais qui mène à des liens vivants, où l'on se sent vu, entendu, respecté. Dans le prochain chapitre, nous explorerons comment traverser et dépasser les conflits dans l'amitié, sans perdre l'essence du lien.

Chapitre 13

Traverser et Dépasser les Conflits Amicaux

Tout lien authentique est exposé, tôt ou tard, au conflit. Désaccords, malentendus, blessures involontaires, différences de valeurs ou de besoins : l'amitié, loin d'être un long fleuve tranquille, est aussi le théâtre de tensions et de confrontations. Beaucoup redoutent le conflit, y voient le signe d'un échec ou d'une incompatibilité. Pourtant, bien géré, le conflit peut devenir un moment clé, un révélateur de vérités enfouies, une occasion de grandir ensemble. Ce chapitre t'invite à changer de regard sur le conflit, à en comprendre les mécanismes, et à découvrir comment le traverser sans perdre l'essence du lien.

La peur du conflit est profondément ancrée dans l'histoire personnelle de chacun. Dès l'enfance, beaucoup d'entre nous avons appris que le conflit était synonyme de danger : il évoquait la menace de blesser, la peur de perdre l'autre, ou le risque de voir ressurgir de vieilles blessures liées à l'abandon ou au rejet. Parfois, il suffit d'un souvenir d'une dispute familiale, d'une humiliation à l'école ou d'une rupture douloureuse pour que s'installe ce réflexe de crainte. Ainsi, le simple fait d'imaginer une confrontation peut faire remonter à la surface une angoisse disproportionnée, qui n'appartient pas toujours à la situation présente, mais réactive des peurs anciennes.

Dans de nombreux milieux, on assimile le conflit à la violence, à la rupture ou à l'humiliation. Il est perçu comme un échec, une défaillance, ou la preuve d'une incompatibilité insurmontable. Cette vision négative, parfois renforcée par l'exemple des adultes ou par la culture, encourage à éviter le conflit à tout prix. On préfère alors taire ses ressentis, ruminer en silence, s'éloigner progressivement, ou parfois exploser de façon inappropriée après avoir accumulé trop longtemps frustrations et non-dits. Le conflit, dans cette perspective, devient une menace à fuir plutôt qu'une étape naturelle de la relation.

Pourtant, éviter le conflit ne fait que déplacer le problème : ce qui n'est pas exprimé ne disparaît pas, mais se transforme en ressentiment, en malentendu ou en distance émotionnelle. La peur du conflit pousse ainsi à sacrifier sa vérité et ses besoins, créant un climat de tension souterraine qui finit par miner la relation. Les non-dits s'accumulent, les interprétations erronées se multiplient, et la confiance s'effrite peu à peu. Bien souvent, la relation se détériore non pas à cause du conflit lui-même, mais à cause de l'incapacité à l'accueillir et à le traverser de façon saine.

Apprendre à accueillir le conflit avec ouverture et maturité est donc une étape essentielle dans toute amitié durable. Cela implique de déconstruire la peur qui l'entoure, de reconnaître que le conflit n'est pas une fatalité, mais une occasion de grandir, de clarifier ses attentes, et de renforcer le lien. Le conflit, bien géré, devient un espace de dialogue, d'ajustement, et parfois même de réparation. Il offre la possibilité de mieux se connaître soi-même et de mieux comprendre l'autre, au lieu de rester prisonnier de ses propres projections.

Finalement, faire la paix avec la peur du conflit, c'est accepter que la relation parfaite, sans accroc ni frottement, n'existe pas. C'est oser se confronter sans se détruire, risquer l'inconfort pour retrouver l'authenticité, et par là même, poser les bases d'une amitié plus solide, plus vraie et plus résiliente. Le conflit n'est pas l'ennemi de l'amour ou de l'amitié ; il en est bien souvent le passage obligé.

Il est courant d'associer le conflit à une grande trahison ou à un événement spectaculaire. Pourtant, dans la réalité, la plupart des conflits amicaux prennent racine dans des situations bien plus subtiles et ordinaires. Parmi les causes les plus fréquentes, on trouve les différences de besoins : il suffit que l'un désire plus de proximité, d'échanges ou de temps partagé, tandis que l'autre éprouve le besoin d'autonomie ou d'espace, pour que des tensions naissent. L'absence de dialogue autour de ces attentes divergentes peut rapidement transformer la complémentarité en source d'irritation.

Les questions de loyauté et de confiance sont également au cœur de nombreux conflits. Un secret mal gardé, une promesse non tenue, ou le sentiment de ne pas avoir été soutenu dans un moment important peuvent générer des blessures profondes. Ces situations touchent à la sécurité affective et à la fidélité, piliers de toute relation amicale. La moindre faille dans ce domaine fait ressurgir des peurs anciennes et met à mal la confiance construite parfois sur de nombreuses années.

Rivalités, jalousies et comparaisons constituent un autre terreau fertile pour les conflits. Qu'il s'agisse de succès professionnels, de relations amoureuses ou de reconnaissance sociale, il est facile de se sentir en compétition, parfois même sans s'en rendre compte. La jalousie, souvent taboue dans l'amitié, s'exprime alors sous forme de petites piques, de distance ou de critiques voilées. Ces tensions, si elles ne sont pas nommées, s'enveniment et creusent des fossés difficilement réparables.

Les changements de rythme de vie sont également à l'origine de nombreuses incompréhensions. Un déménagement, une nouvelle relation amoureuse, la naissance d'un enfant, ou encore un changement de travail, bouleversent les repères et les disponibilités. L'un peut se sentir abandonné, l'autre accablé par de nouvelles responsabilités. Sans communication, ces transitions deviennent des moments de fragilité où les attentes mal ajustées mènent au conflit.

De nombreux conflits trouvent leur origine dans des malentendus liés à la communication. Un ton mal perçu, une parole interprétée de travers, des silences prolongés ou des messages restés sans réponse peuvent suffire à créer une distance. Il est alors facile de prêter à l'autre des intentions qu'il n'a pas, d'accumuler des griefs sur des bases fragiles. Reconnaître la source du conflit, sans dramatiser ni minimiser, est la première étape pour le désamorcer et retrouver la lucidité nécessaire à la réparation.

Chacun d'entre nous adopte des réflexes spécifiques face au conflit, souvent hérités de l'enfance ou forgés par des expériences passées. Le premier réflexe, peut-être le plus courant, est la fuite. On préfère éviter la confrontation, prendre ses distances, ou faire comme si de rien n'était. Ce comportement vise à préserver la paix, à se protéger, mais il reporte inévitablement la résolution du problème et laisse le terrain libre aux rancœurs et aux incompréhensions. La fuite, si elle peut sembler apaisante sur le moment, entretient en réalité un malaise latent.

À l'opposé, certains réagissent par l'agression. La colère, l'attaque, la critique ou même l'humiliation deviennent des moyens d'exprimer sa frustration ou de reprendre le pouvoir dans la relation. Cette attitude, souvent liée à une difficulté à gérer l'émotion ou à une peur de la vulnérabilité, aggrave le conflit et blesse profondément l'autre. L'agression génère un climat de défiance, de peur, voire d'escalade des tensions, rendant toute réparation beaucoup plus difficile.

La soumission est une autre façon fréquente de réagir au conflit. Pour préserver la paix ou éviter la rupture, on choisit de céder, d'accepter les choses à contrecœur, de taire ses besoins et ses désaccords. Sur le moment, cela peut apaiser la situation, mais à long terme, la soumission engendre frustration, perte d'estime de soi, et parfois même une explosion tardive de colère ou de tristesse. Le risque est aussi de s'éloigner lentement de soi-même et de ses valeurs, jusqu'à ne plus se reconnaître dans la relation.

Heureusement, il existe une quatrième voie : celle de la négociation et du dialogue. Cette attitude consiste à chercher à comprendre l'autre, à expliquer son propre point de vue, et à trouver un terrain d'entente. Elle suppose de reconnaître la légitimité des besoins de chacun, d'accepter la confrontation sans la dramatiser, et de s'engager dans un échange sincère. Le dialogue ne garantit pas toujours une résolution parfaite, mais il ouvre la porte à l'écoute, au respect mutuel et à la réparation.

L'objectif dans la gestion des conflits n'est pas d'éliminer toute tension, ce qui serait illusoire, mais d'apprendre à naviguer entre les différents réflexes pour tendre vers le dialogue constructif. C'est un apprentissage progressif, qui demande du courage, de la patience et parfois un accompagnement extérieur. Mais chaque pas vers le dialogue est une victoire sur la peur, et un investissement pour la solidité de l'amitié.

Traverser un conflit sans détruire le lien demande de mettre en pratique quelques principes fondamentaux de communication constructive. Le premier est de prendre du recul : il est essentiel de ne pas réagir à chaud, sous le coup de l'émotion. Attendre que la colère ou la tristesse retombe permet d'aborder la discussion avec plus de lucidité, de bienveillance et de discernement. Ce temps de pause évite les paroles blessantes, les accusations irréfléchies, et favorise une rencontre plus authentique.

Parler en « je » constitue une autre clé précieuse. Plutôt que d'accuser l'autre (« Tu es toujours... », « Tu ne fais jamais... »), il s'agit d'exprimer ses propres ressentis et besoins (« Je me suis senti blessé quand... », « J'aurais aimé que... »). Cette façon de communiquer désamorce la défense de l'autre, qui se sent moins attaqué, et permet d'ouvrir un espace de dialogue centré sur l'expérience de chacun. Cela favorise la compréhension mutuelle et limite l'escalade du conflit.

L'écoute active est également indispensable : il s'agit de laisser l'autre s'exprimer sans l'interrompre, de reformuler ce que l'on a compris, et de vérifier que l'on a bien saisi l'essence de ses propos. Cette attitude montre à l'autre qu'il est entendu, respecté, et qu'on prend au sérieux ses émotions. L'écoute active crée un climat de confiance et encourage l'autre à s'ouvrir à son tour, rendant possible un échange authentique.

Chercher à comprendre plutôt qu'à convaincre est une posture qui change tout dans la résolution des conflits. Il ne s'agit pas d'imposer sa vision ou de gagner la discussion, mais de s'intéresser sincèrement à la réalité de l'autre, même si elle diffère de la sienne. Cette curiosité sincère ouvre la voie à des compromis, à des ajustements, et parfois à une découverte bienheureuse de points communs insoupçonnés. Elle transforme le conflit en opportunité de croissance pour la relation.

Accepter sa part de responsabilité est un acte de maturité. Reconnaître ses erreurs, ses maladresses, ou sa participation à la tension ne signifie pas se flageller, mais simplement assumer sa part dans la dynamique relationnelle. Cette honnêteté désamorce la culpabilité, la honte ou la colère, et montre à l'autre qu'on est prêt à avancer ensemble vers une solution. La communication constructive, ainsi pratiquée, devient un outil puissant de réparation et de renforcement du lien amical.

Le dialogue réparateur est un outil puissant pour apaiser les tensions et restaurer la confiance après un conflit. Il ne s'agit pas d'un rituel figé, mais d'une démarche volontaire où l'on accepte de prendre du temps pour l'autre et pour soi, afin de sortir du cercle vicieux des non-dits et des malentendus. Lorsque tu sens qu'un désaccord ou une blessure entrave la relation, propose à ton ami de vous accorder un espace de parole dédié. L'idée est de créer un cadre rassurant : choisissez un moment où vous êtes disponibles, dans un lieu calme, loin des distractions et de la pression du quotidien.

Dans cet exercice, chacun s'exprime à tour de rôle, sans être interrompu. Celui qui parle partage son ressenti, ses besoins, ce qui l'a blessé ou ce qu'il ne comprend pas, en restant centré sur son vécu personnel (en « je », sans accusation ni généralité). L'autre écoute attentivement, en silence, sans préparer sa réponse ni juger. Cette première étape permet à chacun de se sentir entendu, reconnu dans son émotion, ce qui apaise déjà une grande part de la tension.

Ensuite, la personne qui a écouté reformule ce qu'elle a compris. Il ne s'agit pas de répéter mot à mot, mais de montrer qu'on a pris la mesure de l'expérience de l'autre : « Si je comprends bien, tu t'es senti… parce que… ». Cette reformulation est essentielle, car elle évite les interprétations erronées et montre à l'autre qu'il a été vraiment entendu. Parfois, cette simple étape suffit à réparer le lien, car elle dissipe les malentendus et rassure sur l'intention de chacun.

Une fois que chacun a pu s'exprimer et être compris, vient le temps de l'engagement pour l'avenir. Chaque personne partage ce qu'elle pourrait changer ou améliorer pour éviter que la situation ne se reproduise. Il ne s'agit pas de promesses irréalistes, mais de petits ajustements concrets : être plus attentif aux signaux, exprimer plus rapidement ses besoins, demander une clarification plutôt que de supposer, etc. Ce partage ouvre la voie à la co-construction d'une relation plus consciente et respectueuse.

Cet exercice, simple en apparence, favorise la désescalade émotionnelle, l'écoute authentique et la recherche de solutions. Il donne à chacun la possibilité de se sentir acteur de la relation, et non victime ou bourreau du conflit. Pratiqué régulièrement, il transforme la manière dont les désaccords sont vécus : ils deviennent des occasions de croissance et de renforcement du lien, au lieu de menaces pour l'amitié.

Malgré toutes les bonnes volontés et les efforts déployés, il arrive que certains conflits ne trouvent pas de résolution satisfaisante. Parfois, les blessures sont trop profondes, les visions du monde trop incompatibles, ou la confiance trop érodée pour que la relation puisse se réparer. Savoir quand lâcher prise est alors un acte de sagesse et de maturité. Cela ne signifie pas renoncer trop vite ou refuser le dialogue, mais reconnaître humblement ses limites et celles de l'autre.

Lâcher prise, c'est accepter que toutes les amitiés ne soient pas destinées à durer éternellement. Certaines sont faites pour accompagner un temps de vie, remplir une fonction précise, puis prendre fin lorsque les chemins se séparent. Cette acceptation de la fin d'un cycle relationnel permet d'éviter de s'acharner dans la douleur, la rancœur ou la répétition des disputes. Elle invite à honorer ce qui a été partagé, à tirer les leçons du passé, et à se libérer de l'idée que toute séparation est un échec.

Accepter de lâcher prise, c'est aussi se donner la possibilité de guérir. Tant que l'on reste accroché à un lien qui fait souffrir, on s'empêche de faire de la place pour de nouvelles rencontres, de nouvelles amitiés plus alignées avec ses valeurs et ses besoins du moment. Le deuil d'une relation peut être douloureux, mais il ouvre un espace pour se retrouver soi-même, pour grandir et pour redéfinir ses attentes.

Parfois, lâcher prise permet même une forme de réconciliation à distance. En cessant d'attendre une solution parfaite ou une réparation immédiate, on laisse à chacun le temps de cheminer, de mûrir, et peut-être, un jour, de se retrouver sur un terrain plus apaisé. Lâcher prise, ce n'est pas fermer la porte définitivement, mais accepter d'avancer, d'accueillir ce qui vient, et de respecter le rythme de la vie.

Il est important de se rappeler que lâcher prise dans l'amitié n'enlève rien à la valeur de ce qui a été vécu. Les souvenirs, les apprentissages, les moments de partage demeurent une richesse, même si le lien s'est transformé ou s'est éteint. L'essentiel est de rester fidèle à soi-même, et de continuer à avancer avec sincérité et ouverture.

Lorsqu'un conflit a été traversé avec honnêteté, il laisse rarement la relation inchangée. Dans certains cas, le lien en sort fragilisé, marqué par la déception ou la distance, surtout si le dialogue n'a pas permis de réparer toutes les blessures ou si des non-dits persistent. Mais, plus souvent qu'on ne le croit, un conflit bien géré renforce la relation : il crée un espace de confiance renouvelée, où chacun a pu exprimer ses besoins et ses limites sans craindre le rejet.

Une amitié ayant survécu à la tempête gagne en profondeur. Les deux amis se découvrent plus en vérité, au-delà des apparences et des habitudes. Ils apprennent à mieux se connaître : non seulement dans ce qui les relie, mais aussi dans ce qui les distingue, dans leurs fragilités, leurs réactions, leurs attentes. Ce passage à travers la crise offre l'occasion d'ajuster les comportements, d'affiner la compréhension mutuelle et de poser de nouvelles bases.

Le pardon occupe une place centrale dans cette transformation. Pardonner, ce n'est pas oublier ou minimiser ce qui s'est passé, mais choisir de ne pas laisser la blessure dicter la suite de la relation. C'est accepter l'imperfection, la vulnérabilité, et reconnaître que chacun fait du mieux qu'il peut avec ses outils et son histoire. Le pardon ouvre la voie à la réparation, à la réconciliation, et à la possibilité de repartir sur des bases plus solides.

Parfois, l'après-conflit marque le début d'une amitié plus mature. Les règles du jeu sont redéfinies, les attentes clarifiées, les limites posées. Chaque personne ose davantage exprimer ses besoins, son désaccord, sa vérité, sans craindre de perdre l'autre. Ce climat de sécurité et de sincérité favorise l'épanouissement de la relation, qui devient alors un espace de croissance pour chacun.

En définitive, le conflit, loin d'être une menace pour l'amitié, peut en être le creuset. Il met à l'épreuve la solidité du lien, mais il offre aussi l'opportunité de grandir ensemble, de se réinventer, et de tisser une complicité plus profonde et plus authentique. Traverser les tempêtes, c'est apprendre à aimer non pas malgré, mais avec les différences et les imperfections de l'autre.

Le témoignage de Léa, 34 ans, illustre la complexité et la richesse des amitiés de longue date, où l'histoire commune tisse des liens aussi forts que fragiles. Après une grosse dispute avec son amie d'enfance, un silence pesant s'est installé entre elles, transformant chaque jour sans nouvelles en une source d'angoisse et de tristesse. Durant ces semaines de rupture, Léa a ressenti le poids du manque mais aussi la difficulté de revenir vers l'autre, de peur d'aggraver la situation ou de ne pas être comprise. Pourtant, ce temps d'éloignement a été l'occasion de réfléchir sur ce qui avait réellement blessé, sur les attentes déçues, et sur le sens profond de leur lien d'amitié.

Finalement, le besoin de retrouver une relation apaisée l'a poussée à franchir le pas. Oser mettre des mots sur les blessures, ce n'est jamais simple, mais c'est indispensable pour éviter que la rancœur ne s'enkyste. Léa et son amie ont pris le temps de s'écouter, d'exposer leurs ressentis sans chercher à avoir raison, mais avec la volonté sincère de comprendre l'autre. Ce dialogue difficile, fait de larmes, de silences et parfois de maladresses, leur a permis de découvrir que leurs attentes respectives étaient différentes, mais pas incompatibles. Elles ont compris que l'amitié ne va pas toujours de soi : elle se construit, s'ajuste et nécessite d'oser la vulnérabilité.

Leur réconciliation ne s'est pas faite en un jour, mais ce travail d'explicitation a ouvert la voie à une relation plus mature. En osant la franchise, elles ont pu repartir sur des bases plus saines, en sachant mieux poser leurs limites et exprimer leurs besoins. Leur amitié, passée par l'épreuve du conflit, en est ressortie renforcée, gagnant en profondeur et en authenticité. Cette expérience leur a prouvé que les crises, loin d'être uniquement destructrices, peuvent aussi être des opportunités de croissance et de renouveau.

À l'opposé, le parcours de Damien, 39 ans, met en lumière un autre mécanisme courant face au conflit : la fuite. Pendant des années, il a préféré éviter toute confrontation, pensant qu'ainsi il préserverait ses relations et échapperait à la douleur du rejet. Mais à force de taire ses désaccords, il a vu s'accumuler en lui frustration et rancœur, jusqu'à ce que ces émotions refoulées finissent par ressurgir sous forme de colère ou d'éloignement brutal. Ce cycle répétitif l'a éloigné de lui-même et des autres, le privant du sentiment d'être compris et respecté dans ses besoins.

Avec le temps et l'expérience, Damien a compris que cette stratégie était un leurre. Il a choisi d'affronter le malaise de la discussion difficile, même si cela demande du courage et un certain inconfort sur le moment. Aujourd'hui, il préfère aborder rapidement les sujets qui fâchent, exprimer ses ressentis sans attendre que la pression monte, et inviter l'autre à faire de même. Cette nouvelle manière de fonctionner a radicalement changé sa vie relationnelle : les non-dits se dissipent, la confiance s'installe, et les explosions tardives laissent place à des ajustements plus sereins. Pour Damien, le conflit n'est plus une menace, mais un passage nécessaire pour préserver la qualité et la sincérité de ses amitiés.

La prévention est sans aucun doute la meilleure façon de traverser les conflits amicaux avec sérénité et maturité. Plutôt que d'attendre que les tensions explosent ou que les malentendus s'accumulent, il est essentiel d'oser poser ses besoins et ses limites dès le début d'une relation. Exprimer clairement ce qui est important pour soi, ce que l'on attend d'une amitié, et ce que l'on n'est pas prêt à accepter, crée un cadre de confiance et d'honnêteté. Cela évite les non-dits et permet à chacun de savoir à quoi s'en tenir, réduisant ainsi les risques de déceptions et de frustrations à venir.

Un autre pilier de la prévention consiste à aborder rapidement les petits agacements ou incompréhensions, sans attendre qu'ils prennent des proportions démesurées. Un mot mal interprété, une attitude qui pique, une attente non formulée : il vaut mieux en parler dès que le malaise apparaît, dans un climat d'écoute et de respect. Ce dialogue précoce désamorce les tensions avant qu'elles ne s'enveniment. Plus on prend l'habitude de partager ses ressentis en temps réel, plus la relation gagne en fluidité et en authenticité. On apprend ainsi à se dire les choses sans crainte ni jugement, et à ajuster le lien en douceur.

Prévenir les conflits, c'est aussi savoir cultiver l'humour, la légèreté et l'auto-dérision dans la relation. Tout ne mérite pas un drame ou une remise en question profonde. Savoir relativiser, rire de soi, prendre du recul sur les petits accrocs du quotidien, permet d'éviter de transformer chaque désaccord en catastrophe. L'humour partagé, loin d'être une fuite, est un puissant liant : il apaise, désamorce, et remet les choses à leur juste place. Il rappelle que l'amitié est aussi un espace de jeu, de plaisir et de complicité.

La prévention s'appuie sur la capacité à écouter l'autre, à détecter les signaux faibles d'un malaise, et à encourager la parole. Ce climat de confiance, où chacun se sent libre d'exprimer ses émotions et ses besoins, est la meilleure garantie contre les conflits destructeurs. Prévenir, ce n'est pas éviter tout désaccord, mais créer un espace où le dialogue prime et où les difficultés peuvent être abordées sans peur, dans le souci du lien et du respect mutuel.

Loin d'être un simple échec ou une menace pour l'amitié, le conflit est souvent un accélérateur de maturité relationnelle. Il oblige à sortir de l'automatisme, à s'interroger sur ce qui compte vraiment, et à clarifier ses priorités. Traverser un désaccord ou une crise, c'est se confronter à ses propres limites, à ses peurs, et à ses zones d'ombre. C'est l'occasion d'apprendre sur soi : quelles blessures se réveillent ? Quelles attentes sont déçues ? Qu'est-ce qui, dans la relation, est non négociable pour moi ? Ce processus d'introspection, parfois douloureux, est aussi profondément libérateur.

Le conflit invite également à affiner sa communication. Pour espérer être compris et entendu, il faut apprendre à exprimer ses besoins avec clarté, à poser ses émotions sans accuser, à écouter l'autre avec une réelle ouverture. Ce travail de mise en mots, d'ajustement et de reformulation, développe la capacité à dialoguer dans la nuance, sans tomber dans la caricature ou le jugement. À force de traverser des crises, on devient plus habile à reconnaître les signaux d'une tension naissante, à désamorcer les malentendus, et à trouver des solutions créatives.

L'épreuve du conflit est aussi un terrain privilégié pour développer l'empathie. Être confronté à la colère, à la tristesse ou à l'incompréhension de l'autre, c'est être invité à sortir de son point de vue unique et à se mettre à la place de l'ami. On découvre alors la complexité de ses motivations, de ses blessures, de ses attentes. Cette ouverture au vécu de l'autre, même quand il nous dérange, est la clé d'une relation plus humaine, plus tolérante, et plus riche.

Grandir grâce au conflit, c'est s'autoriser à être plus vrai, plus nuancé, plus humain. Le conflit casse les illusions de perfection, il révèle la fragilité et la force du lien. Il permet parfois de poser de nouvelles bases, plus réalistes, plus respectueuses de chacun. Et lorsque la relation survit à la tempête, elle en ressort transformée : plus solide, plus profonde, et souvent plus joyeuse, car libérée du poids des non-dits. Grandir grâce au conflit, c'est accepter que l'amitié, comme toute relation vivante, se construit dans le mouvement, l'ajustement et le pardon.

Traverser et dépasser les conflits est un art qui s'apprend, à force de courage, d'écoute et d'humilité. C'est une étape incontournable pour bâtir des amitiés solides, vivantes, capables de durer malgré les tempêtes. Dans le prochain chapitre, nous aborderons la dimension du pardon et de la réconciliation : comment panser les blessures et, parfois, redonner une chance au lien.

Chapitre 14

Le Pardon et la Réconciliation

Le pardon est au cœur de toute relation humaine durable. Il ne s'agit pas d'un acte anodin ni d'une simple formule de politesse : pardonner, c'est accepter d'accueillir la blessure, de la regarder en face et de choisir – pour soi et parfois pour l'autre – de desserrer l'étau du ressentiment. Mais le pardon n'est pas toujours possible, ni même souhaitable. Il ne signifie pas l'oubli, ni l'excuse inconditionnelle. Il ouvre la voie, quand les conditions sont réunies, à la réconciliation, qui est la reconstruction d'un lien sur de nouvelles bases. Ce chapitre t'invite à explorer la subtilité et la puissance de ce double mouvement, pour trouver la paix intérieure et, peut-être, offrir une seconde chance à l'amitié.

Comprendre la différence entre pardon, oubli et réconciliation est fondamental pour avancer sur le chemin de la guérison émotionnelle. Le pardon, tout d'abord, est avant tout un acte intérieur : il s'agit de renoncer à nourrir la rancœur, la colère ou le désir de revanche envers celui ou celle qui t'a blessé. Il ne dépend pas du comportement de l'autre, ni de ses excuses : c'est une décision personnelle, souvent silencieuse, qui permet d'apaiser sa propre souffrance. Pardonner, ce n'est pas excuser l'acte de l'autre ou prétendre qu'il était justifié, mais choisir de ne plus laisser la blessure diriger sa vie.

L'oubli, quant à lui, est une notion bien différente. Il n'est ni nécessaire, ni même toujours souhaitable. Il serait illusoire de croire qu'on peut effacer le passé ou nier la douleur vécue : le cerveau humain ne fonctionne pas ainsi. Au contraire, prétendre avoir oublié sans avoir réellement pardonné risque seulement de créer une cicatrice mal refermée, prête à se rouvrir à la moindre occasion. L'oubli n'est donc pas la condition du pardon : il est possible (et même sain) de se souvenir de ce qui s'est passé, tout en choisissant de ne plus en faire le centre de son existence.

La réconciliation, , est un processus qui va bien au-delà du simple pardon individuel. Elle implique une démarche à deux, où chacun reconnaît ses torts, exprime ses regrets et s'engage à rebâtir la confiance. La réconciliation ne peut advenir que si les deux parties sont prêtes à s'impliquer, à dialoguer honnêtement, et à travailler activement à la réparation du lien. C'est un chemin qui demande du temps, de la volonté et du courage, car il suppose de s'exposer à nouveau, de prendre des risques, et d'accepter que tout ne redevienne pas comme avant.

Il est donc possible de pardonner sans pour autant se réconcilier : le pardon est un acte personnel, alors que la réconciliation est une aventure commune. À l'inverse, toute réconciliation authentique ne peut se construire sans un véritable pardon préalable. Prendre le temps de distinguer ces trois notions permet d'avancer avec clarté et lucidité, en respectant ses propres besoins et ceux de l'autre.

Beaucoup voient le pardon comme une faveur faite à l'autre, ou comme une forme de faiblesse, alors qu'il s'agit d'abord d'un cadeau que l'on se fait à soi-même. Pardonner, c'est se libérer du poids du ressentiment : la colère et la rancœur sont des fardeaux invisibles qui consomment une énergie immense, alourdissent le cœur, et empêchent de profiter pleinement du présent. Refuser de pardonner, c'est choisir de rester lié au passé, de laisser la blessure s'infiltrer dans chaque aspect de sa vie, parfois même inconsciemment.

Le pardon est aussi une voie vers la paix intérieure. Lorsqu'on parvient à lâcher le ressentiment, un apaisement profond s'installe, comme si un poids tombait des épaules. On retrouve la capacité de tourner la page, de regarder l'avenir avec plus de sérénité, et de renouer avec la légèreté. Cette paix retrouvée n'efface pas ce qui s'est passé, mais elle permet de ne plus le laisser définir qui l'on est ou comment l'on se sent.

Pardonner, c'est également réaffirmer sa propre dignité. En chose que l'on ne subit plus la blessure, mais qu'on choisit de reprendre la main sur son histoire. Cela signifie refuser de se laisser enfermer dans le rôle de victime, et décider que l'on mérite mieux que de ruminer la souffrance. Le pardon est ainsi un acte d'auto-respect, une déclaration d'indépendance vis-à-vis du passé et de ceux qui t'ont fait du mal.

Il est crucial de comprendre que pardonner n'est pas synonyme de faiblesse. Au contraire, il s'agit d'un acte de puissance et de maturité. Il demande du courage, car il faut affronter sa douleur, accepter sa vulnérabilité, et renoncer à la vengeance ou au contrôle. En pardonnant, on choisit de s'ouvrir à une nouvelle façon d'être en lien avec soi-même et avec les autres, plus libre et plus apaisée.

Le chemin du pardon est rarement linéaire ou facile. Plusieurs obstacles, parfois imposants, peuvent se dresser sur la route. La gravité de la blessure en est souvent le premier : plus la trahison ou la souffrance a été profonde, plus il semble difficile, voire impossible, de pardonner. Certaines blessures touchent des zones sensibles, des valeurs fondamentales ou des liens intimes, rendant le processus de pardon d'autant plus long et complexe.

La peur de se faire avoir à nouveau constitue un autre frein important. On confond parfois le pardon avec le fait de rouvrir immédiatement la porte à l'autre, de s'exposer au risque d'être blessé.e une nouvelle fois. Cette confusion alimente la méfiance et le repli sur soi, car il est naturel de vouloir se protéger. Pourtant, il est possible de pardonner tout en posant des limites claires, en choisissant de ne pas réengager la relation si l'on sent que la sécurité n'est pas au rendez-vous.

Le sentiment d'injustice bloque également le processus. « Pourquoi ce serait à moi de faire le premier pas ? », se demande-t-on souvent, surtout si l'autre ne reconnaît pas sa faute ou ne semble pas éprouver de regret. Cette impression d'inégalité, de devoir porter seul.e la charge de la réparation, peut générer frustration et amertume, retardant le travail de pardon. Il est alors utile de se rappeler que le pardon est avant tout un acte pour soi, et non pour l'autre.

L'absence de regrets ou d'excuses de la part de l'autre complique la démarche. La reconnaissance de la faute par celui qui l'a commise facilite le pardon, car elle valide la souffrance vécue. À l'inverse, quand l'autre banalise, nie ou refuse d'assumer sa responsabilité, il devient difficile de lâcher prise sur la colère ou la tristesse. Il est alors important d'accueillir ces résistances avec douceur, sans forcer le processus, et de s'autoriser à prendre le temps nécessaire pour cheminer à son rythme vers le pardon.

Le processus du pardon est un cheminement complexe, rarement rectiligne, qui demande du temps et une réelle implication personnelle. La première étape, souvent négligée, consiste à reconnaître la blessure. Il s'agit de mettre des mots précis sur ce qui a été vécu, sans chercher à minimiser l'impact de l'événement, mais aussi sans tomber dans l'exagération ou la dramatisation. Cette phase demande de l'honnêteté envers soi-même : accepter qu'on a été blessé.e, que l'on a souffert, et que cette souffrance mérite d'être regardée en face. Parfois, on tente d'avancer trop vite, par peur de la douleur, mais sans cette reconnaissance authentique, le pardon reste superficiel et la blessure continue de hanter l'arrière-plan de nos vies.

Une fois la blessure identifiée, il est essentiel de laisser place à l'expression des émotions qui l'accompagnent. Colère, tristesse, déception, humiliation : toutes ces émotions ont besoin d'être accueillies et vécues pleinement. Les réprimer ou les ignorer ne fait que renforcer leur emprise. Il peut être utile de parler à un ami de confiance, d'écrire une lettre que l'on n'enverra jamais, ou de solliciter l'aide d'un professionnel pour traverser cette tempête émotionnelle. L'expression sincère de ce que l'on ressent, sans jugement, permet d'éviter que la colère ne se transforme en rancœur durable ou que la tristesse ne devienne un poison silencieux.

Vient ensuite une étape plus délicate : celle de la compréhension. Il ne s'agit pas ici de justifier ou d'excuser le comportement de l'autre, ni de renoncer à ses propres droits ou à la reconnaissance du tort subi. Il s'agit plutôt d'essayer de saisir ce qui a pu pousser l'autre à agir ainsi : ses fragilités, ses peurs, son histoire, ou simplement ses limites humaines. Cette étape ne doit jamais se faire au détriment de soi : il ne s'agit pas de se trahir ou de banaliser la blessure, mais de retrouver une forme de lucidité sur la complexité humaine. Comprendre, c'est prendre du recul, sortir de la posture de victime pour voir la situation dans toute sa nuance, ce qui apaise souvent l'intensité de la douleur.

Le cœur du processus réside ensuite dans le choix de pardonner, ou non. Le pardon n'est jamais une obligation : il doit rester un acte profondément personnel, un choix intime que l'on fait avant tout pour soi-même. Parfois, le pardon est silencieux, intérieur, sans même que l'autre en ait conscience. Il peut survenir progressivement, par petites vagues, ou être le fruit d'une décision consciente après un long cheminement. Il est important de s'autoriser à ne pas être prêt.e tout de suite, ou même à ne pas pardonner du tout si la blessure reste vive. L'essentiel est que ce choix soit posé en pleine conscience, avec respect pour son propre rythme et pour la vérité de son ressenti.

Finalement, vient le temps de tourner la page. Cela ne signifie pas nécessairement renouer avec l'autre ou rétablir la relation, mais se libérer du poids de la rancœur et de la colère. C'est accepter que ce qui est arrivé fait désormais partie du passé, et choisir de ne plus laisser cette histoire définir son présent ou son avenir. Tourner la page, c'est se donner la permission d'aller de l'avant, d'ouvrir son cœur à de nouveaux liens, à de nouvelles expériences, sans rester prisonnier de l'ombre du passé. Même si la relation ne renaît pas, le pardon permet de retrouver la paix intérieure et de se réconcilier avec soi-même, ce qui est sans doute le plus beau cadeau à s'offrir.

L'exercice de la lettre de pardon est une démarche symbolique extrêmement puissante pour avancer sur le chemin de la guérison, même si elle reste strictement intime et n'implique aucun échange direct avec la personne concernée. Prendre le temps d'écrire à celui ou celle qui t'a blessé, c'est déjà reconnaître l'importance de ce que tu as vécu et t'offrir un espace pour déposer ton histoire, sans filtre et sans censure. Installe-toi dans un lieu calme, prends une feuille ou ton carnet, et permets-toi d'ouvrir les vannes : commence par décrire précisément la blessure, ce qui s'est passé, et comment tu l'as vécu. N'hésite pas à être concret, à revenir sur les mots, les gestes, les silences qui t'ont marqué. Cette première étape te permet de clarifier ce qui s'est réellement joué, d'en sortir le flou ou la confusion, et de reconnaître pleinement la réalité de ta peine.

Ensuite, laisse monter ce que tu ressens : la colère, la tristesse, la déception, ou même le sentiment de trahison. Tu peux te répéter, insister, explorer toutes les facettes de ton émotion : la lettre n'a pas vocation à être lue par l'autre, elle est un espace de vérité brute. Ce moment d'écriture est aussi celui où tu t'autorises à ne pas juger tes propres ressentis : tu as le droit d'être en colère, d'être blessé, de regretter ce qui s'est passé. Écrire, c'est ouvrir une sortie à ce qui, trop longtemps, est resté enfermé. C'est aussi prendre le temps de mesurer l'impact de cette blessure sur ta vie, sur ta confiance, ou sur la manière dont tu te perçois.

Dans une troisième phase, exprime ce que tu aurais souhaité : ce que tu attendais de cette personne, ce dont tu aurais eu besoin à ce moment-là, ce que tu aurais aimé entendre ou recevoir. Cette étape permet de reconnaître tes besoins profonds, parfois restés dans l'ombre, et de poser des mots sur ce qui aurait pu réparer ou apaiser la situation. C'est aussi un moyen de te reconnecter à ta propre vérité, à ce qui compte vraiment pour toi dans une relation. Parfois, tu réaliseras que l'autre n'aurait pas pu répondre à tes attentes, et cela peut aussi aider à faire le deuil de ce passé.

Pour conclure la lettre, écris une phrase de libération, comme un acte de décision intérieure : « Je choisis de me libérer de la colère/du ressentiment, pour avancer, pour moi. » Cette phrase, même si elle ne dissout pas instantanément la souffrance, marque une étape de ton cheminement : tu affirmes ta volonté de ne plus rester prisonnier de la blessure, tu choisis de reprendre la main sur ta vie émotionnelle. C'est un geste d'auto-respect, de bienveillance envers toi-même, qui ouvre la porte à la paix intérieure.

Relis régulièrement cette lettre, surtout dans les moments où la douleur ou la colère ressurgissent. Tu constateras peut-être, au fil du temps, que le poids de la blessure s'allège, que les mots perdent de leur charge, et que tu retrouves peu à peu de la liberté intérieure. L'exercice de la lettre de pardon, même sans être envoyée, est un rituel de transformation : il t'aide à reconnaître ta douleur, à l'exprimer, à l'accueillir, puis à t'en détacher doucement, pour avancer vers un présent plus serein et un avenir plus ouvert.

La réconciliation sincère est un processus bien plus complexe et profond que le simple fait de tourner la page ou d'agir comme si rien ne s'était passé. Elle ne consiste pas à effacer le passé, ni à retrouver mécaniquement l'état d'avant la blessure. Au contraire, elle réclame une volonté partagée de regarder la réalité en face et d'accepter que l'histoire commune a été ébranlée. L'une des premières conditions de cette réconciliation authentique est la reconnaissance sincère des torts par chacun. Cela signifie que chaque personne impliquée accepte de se remettre en question, de voir en quoi elle a pu contribuer à la rupture ou au malentendu, sans minimiser ni déplacer la responsabilité. Cette reconnaissance ne doit pas être purement formelle : elle suppose une démarche de vérité, souvent inconfortable, mais essentielle pour que l'autre se sente entendu et respecté dans sa souffrance.

Les excuses et les réparations constituent la deuxième étape incontournable de la réconciliation. Présenter des excuses ne se limite pas à un simple « pardon », mais implique d'exprimer ses regrets avec authenticité et de montrer que l'on mesure l'impact de ses actes ou de ses paroles sur l'autre. Parfois, selon la gravité de la blessure, des gestes concrets de réparation peuvent être nécessaires : il peut s'agir d'une action symbolique, d'un engagement à changer, ou même d'un temps de retrait pour laisser l'autre cicatriser. Ces réparations, même modestes, témoignent d'une volonté de prendre soin du lien et d'en assumer la fragilité.

Cependant, la réconciliation véritable ne s'arrête pas aux mots : elle exige des changements concrets de comportement. La confiance, une fois brisée, ne se reconstruit pas sur de simples promesses. Il s'agit, pour celui qui a blessé, de montrer par des actes répétés qu'il est capable d'évoluer, de respecter les besoins de l'autre, et d'éviter de reproduire les mêmes erreurs. De son côté, la personne blessée devra aussi accepter de desserrer, peu à peu, la carapace de protection qu'elle a érigée. Ce processus se joue dans la durée, dans les petits gestes du quotidien, dans la capacité à tenir ses engagements et à rester attentif aux signaux de fragilité du lien.

Le respect du rythme de chacun est également fondamental dans toute tentative de réconciliation. La confiance ne revient pas d'un coup de baguette magique : elle se reconstruit lentement, pas à pas, au fil des preuves de bonne foi et d'écoute réciproque. Il est important que chacun puisse exprimer ses besoins, ses peurs, ses limites, et que l'autre sache les entendre sans impatience ni pression. Vouloir accélérer le processus ou forcer l'autre à « passer à autre chose » risque de fragiliser à nouveau la relation et d'enfermer la blessure dans le silence ou la culpabilité.

En fin de compte, réconcilier, c'est inventer une nouvelle forme de lien. La relation ne redevient pas ce qu'elle était : elle se transforme, parfois plus solide, parfois plus lucide, mais toujours différente. La blessure, loin d'être un simple point faible ou une cicatrice à cacher, peut devenir un appui pour grandir ensemble. Elle invite à plus de maturité, de respect, de vigilance et d'authenticité. Si la réconciliation est pleinement vécue, elle offre l'opportunité de repartir sur des bases plus saines, où la confiance, l'estime et la tendresse renaissent, non plus sur une illusion de perfection, mais sur la reconnaissance humble de la vulnérabilité de chacun.

Le témoignage de Maud, 40 ans, illustre avec délicatesse et profondeur la réalité complexe du pardon, surtout lorsqu'il s'agit de blessures profondes comme la trahison entre amis. Loin d'être un geste instantané ou une décision volontaire, son pardon s'est construit au fil des années, dans le silence et la distance. Maud explique que pendant longtemps, la colère et la tristesse ont occupé une place importante dans sa vie ; elle a dû apprendre à vivre avec ce vide, à accepter la perte, et à se reconstruire sans cet appui amical qui avait tant compté. C'est seulement lors d'une rencontre fortuite, bien des années plus tard, qu'elle a mesuré le chemin parcouru. La discussion avec son ancienne amie s'est déroulée sans haine, sans amertume : Maud a alors compris que le pardon était déjà là, qu'il s'était glissé doucement dans son cœur sans bruit ni éclat. Cette paix retrouvée n'a pas débouché sur une réconciliation ou un retour à l'amitié d'autrefois, mais elle a permis à Maud de tourner la page, de se libérer du poids du passé, et de regarder l'autre avec bienveillance, détachée de la blessure initiale.

Ce témoignage rappelle que le pardon n'est pas toujours synonyme de reprise de relation. Parfois, il s'agit d'un processus purement intérieur, d'une libération qui permet de retrouver la sérénité sans nécessairement renouer le lien. Maud a fait l'expérience d'un pardon silencieux, sans besoin de mots ou d'explications, simplement en constatant que la rancœur s'était évanouie. Ce genre de pardon permet de fermer un chapitre douloureux sans amertume, et d'ouvrir l'espace à de nouvelles rencontres et à une paix intérieure durable.

L'histoire de Julien, 36 ans, montre une autre facette du pardon : celle où il s'accompagne d'une véritable réconciliation et d'une transformation de la relation. Son meilleur ami l'a profondément blessé, mais au lieu de nier la faute ou de fuir le dialogue, ce dernier a su faire le pas décisif : reconnaître ses torts, présenter des excuses sincères, et surtout modifier concrètement ses comportements. Cette démarche n'a pas été unilatérale : Julien lui aussi a dû faire un travail sur lui-même, accepter sa propre vulnérabilité, et ouvrir à nouveau son cœur à la confiance.

Leur amitié, passée par l'épreuve du conflit et du pardon, en est sortie métamorphosée. La douleur n'a pas été effacée, mais elle a servi de point d'appui pour bâtir un lien plus solide, plus authentique. Aujourd'hui, Julien affirme que leur relation est plus forte et plus vraie qu'avant : il y a plus de respect, plus d'écoute et une conscience accrue de la valeur de l'autre. Ce témoignage prouve que le pardon, loin d'être une faiblesse, est un acte de courage et de maturité qui permet parfois de transformer une blessure en une occasion de grandir ensemble, et de construire des liens d'une qualité nouvelle.

Ces deux histoires, bien que différentes, illustrent la diversité des chemins possibles vers le pardon. Que le lien soit restauré ou non, le pardon est avant tout une libération personnelle, un acte de réconciliation avec soi-même et avec la vie. Il permet de ne pas s'enfermer dans le passé, d'alléger le cœur, et d'ouvrir l'avenir à la possibilité d'aimer et de faire confiance à nouveau.

Pardonner ne doit en aucun cas être confondu avec la soumission ou l'acceptation inconditionnelle de comportements destructeurs. Il est essentiel de comprendre que le pardon n'implique pas de se remettre dans une situation de souffrance, d'abus ou de toxicité. Au contraire, il peut être le point de départ d'un véritable discernement : reconnaître sa blessure, pardonner intérieurement, mais aussi poser des limites claires pour préserver son intégrité. Cela signifie parfois choisir de s'éloigner définitivement de la personne concernée, même après avoir pardonné. Le pardon est alors un acte de libération personnelle, qui permet de rompre le lien de dépendance émotionnelle tout en se protégeant du danger.

Dans certains cas, le pardon se vit dans le silence et l'intimité du cœur, sans qu'il soit nécessaire de renouer avec l'autre, ni même de lui annoncer la démarche. Pardonner pour soi, sans retour vers celui ou celle qui a blessé, c'est s'offrir la possibilité d'avancer sans rancœur, tout en maintenant la distance nécessaire à son équilibre. Cette forme de pardon silencieux est particulièrement précieuse lorsque la personne concernée n'a pas changé, nie sa faute, ou continue de représenter une menace pour notre bien-être. Il n'y a alors aucune obligation morale ou affective à reprendre contact ou à restaurer la relation : se préserver est un acte de respect envers soi-même.

Il est également important de ne pas culpabiliser à l'idée de mettre fin à une relation, même si on a choisi de pardonner. Le pardon ne réécrit pas le passé : il permet simplement de ne plus en être prisonnier, et de choisir avec lucidité ce qui est bon pour soi à l'avenir. Cette distinction est fondamentale pour ne pas retomber dans des schémas de victimisation ou de sacrifice. Pardonner, c'est reprendre le pouvoir sur sa vie, assumer ses choix, et affirmer sa dignité.

Il convient de rappeler que chaque histoire est unique, et que chacun peut définir le sens et les limites de son pardon. Pour certains, il sera possible de reconstruire un lien sur de nouvelles bases ; pour d'autres, le pardon signifiera simplement la fin d'un cycle, sans retour en arrière. Dans tous les cas, pardonner n'est pas synonyme de tout accepter : c'est avant tout un acte d'amour envers soi-même.

S'auto-pardonner est souvent le défi le plus douloureux et le plus exigeant du chemin du pardon. Bien des personnes restent longtemps prisonnières du regret, de la honte ou de la culpabilité : pour avoir fait confiance trop vite, pour avoir blessé sans le vouloir, pour n'avoir pas su dire non, ou pour avoir mis du temps à réagir face à une situation toxique. Ces reproches, parfois murmurés depuis l'enfance, minent la confiance en soi et empêchent d'accéder à la paix intérieure. L'auto-pardon, loin d'être une complaisance ou une excuse facile, est une étape indispensable pour se réconcilier avec sa propre histoire.

Reconnaître ses erreurs, ses faiblesses ou ses limites, c'est accepter que l'on est humain, imparfait et vulnérable. L'auto-pardon commence par cette acceptation : il s'agit d'accueillir avec bienveillance son passé, de reconnaître ses intentions, souvent sincères, même si les résultats n'ont pas été à la hauteur. Il ne s'agit pas de nier la responsabilité ou de fuir la réparation, mais d'arrêter de s'auto-flageller indéfiniment. S'autoriser à être faillible, c'est faire preuve de maturité et d'humilité.

Le processus d'auto-pardon passe aussi par l'expression de la compassion envers soi-même, comme on le ferait pour un ami cher. Il est utile de se rappeler que chaque choix, chaque réaction, s'inscrit dans un contexte fait de peurs, de croyances, et parfois de manque de ressources. Se pardonner, c'est se donner la chance d'apprendre, de grandir, et de ne plus répéter les mêmes schémas. C'est un acte de réconciliation intérieure, qui ouvre la porte à une nouvelle confiance et à la possibilité de s'aimer de nouveau.

L'auto-pardon est la clé pour pouvoir aimer et être aimé à nouveau, sans traîner derrière soi le poids du passé. Tant que la honte et la culpabilité dominent, il est difficile de s'engager pleinement dans de nouveaux liens, car on reste sur la défensive ou dans l'auto-sabotage. S'auto-pardonner, c'est s'offrir la liberté de recommencer, de s'ouvrir, et d'accueillir l'amour sous toutes ses formes.

Le pardon, qu'il aboutisse à une réconciliation ou reste un processus intérieur, génère une force insoupçonnée pour l'avenir. Il crée un espace de liberté intérieure, dans lequel la rancœur, la colère et les regrets n'ont plus le pouvoir de dicter ses choix ou de colorer chaque relation future. Cette libération permet de retrouver la sérénité, de vivre le présent avec plus de légèreté et d'accueillir l'avenir sans la crainte de reproduire indéfiniment les mêmes blessures.

Le pardon développe également la confiance, en soi et en la vie. Pardonner, c'est faire le pari que l'on peut guérir, que l'on peut aimer à nouveau, et que l'on mérite de recevoir la tendresse et le respect. En se délestant du passé, on devient plus lucide : on repère mieux les signaux de danger, on pose plus facilement ses limites, et on choisit plus consciemment ses relations. Cette lucidité nouvelle ne rend pas naïf, mais permet d'aborder les liens avec plus de maturité, de vigilance et de bienveillance.

De plus, le pardon est un puissant moteur de croissance personnelle. Il aiguise la capacité à comprendre l'autre, à nuancer ses jugements, et à accueillir la complexité humaine. Traverser l'épreuve du pardon, c'est aussi se donner la chance de grandir, de gagner en sagesse, et de devenir plus empathique. Cette transformation intérieure rayonne sur toutes les sphères de l'existence : amitiés, amour, travail, famille.

Le pardon permet de s'ouvrir à de nouveaux liens, plus sains et plus profonds. En n'étant plus prisonnier du passé, on accueille les relations avec un regard renouvelé, plus confiant et plus libre. On ne cherche plus à compenser les blessures anciennes, mais à construire sur des bases authentiques. Le pardon, loin d'être un renoncement, est ainsi une force de création : il offre la possibilité d'un avenir apaisé, riche, et porteur de sens.

Le pardon et la réconciliation sont des actes puissants de guérison et de croissance intérieure. Ils ne sont ni des obligations, ni des automatismes, mais des choix, parfois longs et exigeants, qui permettent de quitter le passé pour s'ouvrir à l'avenir. Dans le prochain chapitre, nous explorerons comment entretenir et faire grandir l'amitié sur le long terme, pour qu'elle reste vivante, nourrissante et fidèle à tes aspirations.

Chapitre 15

Entretenir et Faire Grandir l'Amitié sur le Long Terme

L'amitié véritable ne se limite pas à la magie de la rencontre ou à l'intensité des premiers échanges : elle se construit, se nourrit et se transforme avec le temps. Comme toute relation précieuse, elle exige attention, engagement, créativité et souplesse. Entretenir une amitié, c'est accepter qu'elle évolue au gré des saisons de la vie, des épreuves, des réussites, des changements personnels. Ce chapitre t'invite à explorer les moyens concrets de préserver la chaleur, la profondeur et la sincérité de tes liens, afin qu'ils deviennent une source durable de joie et de soutien.

Il est courant de croire que les amitiés véritables sont indestructibles, qu'elles traversent le temps et les épreuves sans jamais s'altérer. Pourtant, cette vision romantique fait souvent oublier la réalité : une amitié, aussi forte soit-elle, demande de l'attention, du soin et une implication consciente. Comme une plante qui a besoin d'eau, de lumière et de soins réguliers, l'amitié s'épanouit grâce à l'engagement et à l'entretien de chacun. Si l'on laisse la routine, la distance ou le manque d'effort s'installer, il est facile de voir le lien s'affadir, même sans conflit apparent. L'idée qu'une relation puisse vivre uniquement sur ses acquis est une source fréquente de déception et de tristesse.

La négligence est l'un des principaux dangers pour l'amitié. Lorsqu'on suppose que l'autre sera toujours là, qu'on remet sans cesse à plus tard un appel ou une visite, on prend le risque d'assécher la relation. Les liens, même anciens, peuvent se fragiliser si l'on ne prend pas le temps de les nourrir. Cette passivité conduit souvent à la déception : on se rend compte, trop tard, que l'éloignement s'est installé sans bruit, que la complicité s'est éteinte faute d'être entretenue. L'amitié, pour durer, demande de sortir de l'attente passive pour devenir acteur du lien.

Cultiver une amitié, c'est choisir de lui consacrer du temps et de l'énergie. Cela ne signifie pas être constamment présent ou tout partager, mais plutôt manifester, à intervalles réguliers, l'importance que l'autre a pour nous. Parfois, il s'agit de petits gestes : un message, une pensée, un souvenir partagé, un soutien discret. D'autres fois, cela demande de l'investissement : organiser une rencontre, proposer une activité, ou tout simplement écouter avec attention. C'est dans la répétition de ces gestes simples que l'amitié prend racine et se renforce.

L'entretien d'une amitié n'est pas toujours linéaire ou facile. Comme une plante, elle traverse des saisons : il y a des périodes de floraison, où la relation semble évidente et joyeuse, et des périodes de dormance, où le lien paraît plus fragile ou plus distant. Savoir reconnaître ces cycles naturels, accepter que tout ne soit pas toujours parfait, permet de rester patient et confiant. Parfois, il faut tailler, rempoter, ou simplement attendre que la relation retrouve son élan.

Prendre soin de ses amis, c'est finalement faire le choix conscient de mettre du cœur dans la relation. Ce n'est pas un effort surhumain ou une contrainte, mais une manière de signifier à l'autre sa valeur. En arrosant régulièrement cette plante qu'est l'amitié, on récolte des fruits précieux : la confiance, la complicité, le soutien et la joie d'être ensemble, même face aux aléas de la vie.

La longévité d'une amitié ne repose pas sur la magie ou la chance, mais sur un ensemble d'éléments concrets. Le premier ingrédient essentiel est la présence. Même à distance, il est possible d'entretenir le sentiment d'être important pour l'autre à travers des messages, des appels, ou des moments partagés, aussi simples soient-ils. Un petit mot lors d'un événement important, un message inattendu, une attention lors d'une période difficile : ces manifestations de présence construisent un socle solide.

L'écoute active est tout aussi fondamentale. Savoir se rendre disponible, sans jugement, pour accueillir les joies et les peines de son ami, est un acte de générosité et de respect. Écouter, c'est offrir un espace où l'autre peut se déposer, se montrer vulnérable, et se sentir compris. Cela demande parfois de mettre de côté ses propres préoccupations pour se concentrer pleinement sur l'autre, mais c'est aussi ce qui nourrit la confiance et la profondeur du lien.

La bienveillance est le troisième pilier d'une amitié qui dure. Elle consiste à célébrer les réussites de l'autre sans jalousie, à soutenir dans les épreuves, à encourager sans attente de retour ni compétition. La bienveillance, c'est aussi savoir pardonner les petits manquements, accueillir l'autre dans ses faiblesses, et choisir de voir le meilleur, même dans les moments de tension. C'est cette qualité de regard qui fait la différence entre une relation superficielle et un lien véritable.

La souplesse est également indispensable. Une amitié évolue avec le temps : chacun change, traverse des périodes de retrait, de transformation, ou de bouleversements personnels. Accepter que l'autre ne soit pas toujours disponible, qu'il vive des remises en question ou des phases d'éloignement, c'est lui offrir la liberté d'être pleinement lui-même, sans crainte du jugement ou de l'abandon. La souplesse, c'est la capacité à s'ajuster, à laisser vivre la relation sans l'enfermer dans des attentes rigides.

La sincérité est le ciment de toute relation authentique. Oser dire ce qui va, mais aussi ce qui ne va pas ; exprimer ses ressentis, nommer les petits agacements avant qu'ils ne deviennent des montagnes, permet d'éviter les non-dits et de désamorcer les conflits. La sincérité n'est pas toujours confortable, mais elle est garante de la solidité et de la confiance qui permettent à l'amitié de traverser le temps.

Les amitiés, comme la vie elle-même, sont soumises à d'inévitables évolutions. Déménagements, naissances, deuils, changements professionnels, ou encore l'arrivée de nouveaux centres d'intérêt : chaque événement majeur a le potentiel de bouleverser l'équilibre d'une relation. Il est fréquent que ces moments créent de la distance, modifient la fréquence des contacts, ou mettent à l'épreuve la solidité du lien amical. Plutôt que de s'en alarmer, il est important de les accueillir comme des étapes naturelles de tout parcours humain.

L'une des clés pour traverser ces périodes de changement est d'adapter ses attentes. Comprendre que la forme de la relation peut changer sans que la qualité du lien soit remise en question, c'est accepter que l'amitié se réinvente sans cesse. Peut-être que vous vous verrez moins, ou que les échanges seront moins spontanés, mais cela ne signifie pas que l'affection diminue. La maturité relationnelle consiste à ne pas confondre quantité et qualité, et à faire confiance à la solidité du lien.

Créer de nouveaux rituels est une façon efficace de nourrir l'amitié malgré les évolutions de la vie. Un week-end annuel, des appels réguliers, un groupe de lecture partagé, ou une activité commune : ces rendez-vous, même espacés, deviennent des repères qui entretiennent la complicité. Ils permettent de se retrouver, de partager de nouveaux souvenirs, et de maintenir la relation vivante. Les rituels s'adaptent aux réalités de chacun, et peuvent évoluer avec le temps.

Il est aussi essentiel d'accepter les pauses. Parfois, l'amitié traverse des périodes de moindre intensité : l'un est absorbé par sa famille, l'autre par son travail ou par un projet personnel. Ces moments de retrait ne sont pas synonymes de rupture : ils font partie du cycle naturel de toute relation. L'important est de garder la porte ouverte, de rester disponible, et de faire confiance à la capacité de l'amitié à renaître quand les conditions seront à nouveau réunies.

Gérer les évolutions de la vie, c'est finalement faire preuve de souplesse, de patience et de confiance. C'est accepter que l'amitié n'est pas un long fleuve tranquille, mais une aventure mouvante, faite de retrouvailles, de distances, et de réinventions constantes. En restant attentif à l'autre, en adaptant ses attentes, et en célébrant les retrouvailles, on donne à l'amitié toutes les chances de traverser les épreuves et de s'enrichir avec le temps.

La complicité est l'une des saveurs les plus précieuses de l'amitié, mais elle ne se décrète pas : elle se cultive, patiemment, à travers des moments partagés et des expériences communes. Il ne s'agit pas uniquement de multiplier les sorties ou les activités, mais de créer ensemble des souvenirs, des rituels, des « private jokes » et des histoires qui n'appartiennent qu'à vous. Ces instants, parfois anodins, deviennent le ciment d'un lien unique, où le simple fait de se retrouver suffit à déclencher des fous rires ou à évoquer des souvenirs partagés.

Entretenir la complicité, c'est aussi oser la nouveauté. Proposer une expérience inédite, découvrir ensemble un univers inconnu, relever un défi ou sortir de la routine : ces petits pas hors de la zone de confort créent des souvenirs forts, qui renforcent le sentiment d'être une équipe. La complicité naît souvent là où l'on ose être soi-même, sans filtre, sans crainte du ridicule ou du jugement. C'est dans ces espaces de liberté que l'amitié prend toute sa dimension.

La complicité se nourrit également de la capacité à se soutenir, à se comprendre d'un regard, à deviner ce que l'autre pense ou ressent. Cette forme d'intimité ne se construit pas en un jour : elle est le fruit d'années de partage, d'écoute, et de confiance. Plus on traverse d'épreuves ensemble, plus la complicité s'approfondit, car elle repose sur la certitude d'être accepté tel que l'on est, avec ses forces et ses failles.

Il est important de ne pas laisser la routine ou l'éloignement éroder cette complicité. Même à distance, il est possible d'entretenir le jeu, l'humour, et la connexion : un message complice, une photo souvenir, un clin d'œil à une histoire passée. Ces petits gestes entretiennent la chaleur du lien et rappellent que l'amitié est un espace où l'on peut se ressourcer.

Au final, ne mets pas de pression sur la complicité : elle connaît des hauts et des bas, des périodes de grande intensité et des moments de moindre partage. L'important est de rester ouvert, curieux, et prêt à inventer de nouvelles façons d'être ensemble. La complicité, loin d'être un acquis, est une aventure à renouveler sans cesse.

Une amitié durable repose sur un équilibre subtil entre ce que l'on donne et ce que l'on reçoit. Il est naturel que, selon les périodes, l'un soit plus présent, plus généreux, ou plus en demande que l'autre : la vie est faite de cycles, et l'amitié s'ajuste à ces réalités. Cependant, si l'équilibre global n'est pas respecté, le risque est grand de voir s'installer des frustrations, des non-dits, ou un sentiment d'injustice. Prendre le temps de s'interroger sur cette réciprocité est un acte de maturité relationnelle.

Demande-toi : donnes-tu sans jamais oser demander ? Certaines personnes, par peur de déranger ou de paraître faibles, se positionnent toujours en soutiens, sans jamais exprimer leurs propres besoins. À la longue, cette posture peut générer un sentiment de solitude ou d'épuisement. Apprendre à demander, à recevoir, à accepter l'aide et la présence de l'autre, est essentiel pour nourrir la relation dans les deux sens.

À l'inverse, il peut arriver de trop s'appuyer sur son ami, d'attendre qu'il ou elle soit toujours disponible, sans prendre en compte ses propres besoins ou limites. L'amitié n'est pas un espace d'assistanat, mais un lieu d'échange et de soutien mutuel. Être attentif aux signaux de fatigue ou de distance de l'autre, savoir faire preuve de délicatesse et de retenue, est une marque de respect et de maturité.

Oser aborder la question de l'équilibre, même avec délicatesse, est une clé pour éviter les malentendus. Il ne s'agit pas de tenir des comptes ou de réclamer des retours systématiques, mais de partager ouvertement ses ressentis, ses envies, et ses limites. Cette transparence permet de réajuster la relation, d'éviter les accumulations de frustrations, et de renforcer la confiance mutuelle.

Rappelle-toi que l'équilibre n'est pas une donnée figée, mais un mouvement perpétuel. L'important est de cultiver une vigilance bienveillante, d'oser parler quand quelque chose coince, et de célébrer la richesse de ce que chacun apporte à la relation. Préserver l'équilibre entre donner et recevoir, c'est choisir de faire de l'amitié un espace d'épanouissement pour tous.

Aucune amitié, aussi forte soit-elle, n'est à l'abri des tempêtes. Les relations humaines sont faites de cycles, de moments d'harmonie et de périodes de tension, de grâce et de doute. Il est illusoire de croire qu'une amitié véritable est un long fleuve tranquille : il y aura des désaccords, des incompréhensions, des silences parfois pesants, et même des phases de distance ou de remise en question. L'important n'est pas d'éviter ces phases, mais de savoir les traverser avec fidélité et patience.

Lorsque survient un passage difficile, il peut être tentant de fuir, de céder à la déception ou de jeter l'éponge. Mais les plus belles amitiés sont celles qui ont résisté aux épreuves, qui ont su traverser les orages sans renoncer au lien. Il s'agit alors de faire preuve de persévérance, de rester présent même quand la relation semble fragile, d'accepter que l'autre ne soit pas toujours en phase avec soi.

La fidélité est une vertu précieuse dans ces moments : elle consiste à garder le lien, à continuer de croire en l'autre, même quand tout vacille. La patience, elle, est l'art d'attendre que la lumière revienne, de ne pas précipiter les choses, de laisser le temps faire son œuvre. Parfois, il faut traverser des périodes de silence ou de distance pour se retrouver de façon plus authentique et plus profonde.

Le courage d'aborder les désaccords, de parler des incompréhensions, de nommer ce qui fait mal ou ce qui manque, est également essentiel. Plutôt que de laisser les tensions s'installer, il est préférable d'oser le dialogue, même maladroit, pour désamorcer les conflits et retrouver la complicité. Cette capacité à affronter les tempêtes ensemble construit une solidité et une confiance inestimables.

Savoir traverser les hauts et les bas, c'est accepter que l'amitié est un chemin imparfait, mais précieux. C'est faire le choix de rester fidèle à l'autre, même dans la difficulté, et de croire en la capacité du lien à se renouveler. Les épreuves, loin de détruire l'amitié, peuvent devenir le terreau d'une complicité renouvelée, plus vraie et plus mature.

Dans le tumulte du quotidien, il est facile d'oublier de célébrer ce qui nous unit à nos amis. Pourtant, prendre le temps de marquer les moments importants, de manifester sa gratitude ou simplement de rappeler à l'autre qu'il compte, est une source de joie partagée et de renforcement du lien. Ce n'est pas tant la forme que prend la célébration qui compte, mais l'intention d'exprimer la reconnaissance et l'affection.

Un message inattendu, envoyé juste pour dire « je pense à toi », peut illuminer une journée et rappeler à l'autre sa place unique dans notre vie. Un cadeau symbolique, choisi avec soin, est parfois bien plus précieux qu'un présent coûteux, car il porte la marque de l'attention et de la connaissance intime de l'autre. Prendre le temps d'écrire une lettre de gratitude, de relater les souvenirs marquants ou de remercier pour un soutien reçu, est un geste rare et profondément touchant.

Les fêtes improvisées, les retrouvailles autour d'un repas ou d'une activité partagée, sont autant d'occasions de célébrer l'amitié dans la légèreté et la joie. Ces moments ne nécessitent pas de grandes préparations : ce qui importe, c'est la sincérité de la démarche, la volonté de créer du bonheur commun, et le plaisir simple d'être ensemble.

Célébrer l'amitié, c'est aussi reconnaître le chemin parcouru : les épreuves traversées, les réussites partagées, les changements surmontés. Prendre un instant pour regarder en arrière, mesurer la force du lien, et se féliciter d'avoir su entretenir cette relation, donne du sens et de la profondeur à la complicité.

En définitive, n'attends pas une occasion spéciale pour célébrer l'amitié. Chaque jour peut être l'occasion d'un geste, d'un mot, d'une attention. En entretenant cette habitude, tu cultives la gratitude et tu renforces la conviction que l'amitié, loin d'être acquise, est un trésor à entretenir et à célébrer sans cesse.

L'exercice du « bilan d'amitié » est un rituel simple mais profondément transformateur, trop souvent négligé dans le tourbillon du quotidien. Prendre le temps, une fois l'an, de s'arrêter et de regarder ensemble – ou même seul – le chemin parcouru dans une relation amicale, c'est offrir à cette amitié un espace de reconnaissance et de projection. Ce moment privilégié invite à sortir de l'automatisme, à ne pas considérer la présence de l'autre comme acquise, mais à l'honorer, à la questionner, à la nourrir de façon consciente.

Commencer ce bilan, c'est d'abord revisiter les moments forts de l'année écoulée. Quels souvenirs marquants ressortent spontanément ? Peut-être un week-end partagé, un soutien précieux lors d'une période difficile, une fête mémorable, ou simplement des échanges quotidiens qui ont apporté de la joie ou du réconfort. Se remémorer ces instants, c'est raviver la gratitude, mais aussi prendre conscience de la richesse du lien. Parfois, on réalise que certains souvenirs, même modestes, ont eu un impact profond, qu'un geste apparemment anodin a consolidé la confiance ou renforcé la complicité.

Faire ce retour sur l'année, c'est aussi oser regarder ce qui a manqué. Peut-être y a-t-il eu des incompréhensions non dites, des promesses reportées, des envies restées en suspens. Peut-être la distance, la fatigue ou d'autres priorités ont-elles freiné la spontanéité des échanges. Ce temps d'introspection n'a rien de culpabilisant : il s'agit simplement d'accueillir les zones d'ombre avec honnêteté et bienveillance. Nommer ce qui a été difficile permet d'éviter que la frustration ou les regrets ne s'accumulent silencieusement, et ouvre la voie à une communication plus authentique.

Le bilan d'amitié, c'est aussi un moment pour rêver ensemble à la suite. Quels projets, quels désirs, quelles expériences aimerais-tu partager avec ton ami.e dans les mois à venir ? Peut-être as-tu envie d'un voyage, d'un défi sportif, d'un projet artistique, ou simplement de moments plus réguliers de partage. Formuler ces souhaits, c'est donner une direction à la relation, lui insuffler une dynamique nouvelle, et signifier à l'autre qu'il ou elle compte suffisamment pour que tu veuilles écrire ensemble d'autres pages de votre histoire commune.

Somme toute, ce temps de recul est une preuve de soin et de maturité relationnelle. En instaurant un rendez-vous annuel dédié à la relation, on pose l'amitié comme une valeur centrale, digne d'être questionnée, célébrée, et renouvelée. Cela permet de sortir des habitudes, d'ajuster la relation à la réalité de chacun, et de la faire évoluer de façon consciente, non subie. Ce bilan n'a pas besoin d'être solennel : il peut être fait autour d'un café, lors d'une balade, ou même par lettre interposée. L'essentiel est la sincérité de la démarche et la volonté de faire grandir l'amitié, en toute lucidité et en toute tendresse.

Au fil des ans, ce rituel peut devenir un pilier, un repère dans la relation. Il offre l'opportunité de mesurer le chemin parcouru, de guérir les petites blessures, de relancer la complicité, et de s'engager ensemble dans de nouveaux projets. Le bilan d'amitié, loin d'être un exercice formel, est un acte d'amour et de fidélité : il manifeste la volonté de ne pas laisser la relation s'user, mais de la cultiver, de la célébrer, et de la réinventer, année après année.

L'exercice du « bilan d'amitié » est un rituel simple mais profondément transformateur, trop souvent négligé dans le tourbillon du quotidien. Prendre le temps, une fois l'an, de s'arrêter et de regarder ensemble – ou même seul.e – le chemin parcouru dans une relation amicale, c'est offrir à cette amitié un espace de reconnaissance et de projection. Ce moment privilégié invite à sortir de l'automatisme, à ne pas considérer la présence de l'autre comme acquise, mais à l'honorer, à la questionner, à la nourrir de façon consciente.

Commencer ce bilan, c'est d'abord revisiter les moments forts de l'année écoulée. Quels souvenirs marquants ressortent spontanément ? Peut-être un week-end partagé, un soutien précieux lors d'une période difficile, une fête mémorable, ou simplement des échanges quotidiens qui ont apporté de la joie ou du réconfort. Se remémorer ces instants, c'est raviver la gratitude, mais aussi prendre conscience de la richesse du lien. Parfois, on réalise que certains souvenirs, même modestes, ont eu un impact profond, qu'un geste apparemment anodin a consolidé la confiance ou renforcé la complicité.

Faire ce retour sur l'année, c'est aussi oser regarder ce qui a manqué. Peut-être y a-t-il eu des incompréhensions non dites, des promesses reportées, des envies restées en suspens. Peut-être la distance, la fatigue ou d'autres priorités ont-elles freiné la spontanéité des échanges. Ce temps d'introspection n'a rien de culpabilisant : il s'agit simplement d'accueillir les zones d'ombre avec honnêteté et bienveillance. Nommer ce qui a été difficile permet d'éviter que la frustration ou les regrets ne s'accumulent silencieusement, et ouvre la voie à une communication plus authentique.

Le bilan d'amitié, c'est aussi un moment pour rêver ensemble à la suite. Quels projets, quels désirs, quelles expériences aimerais-tu partager avec ton ami dans les mois à venir ? Peut-être as-tu envie d'un voyage, d'un défi sportif, d'un projet artistique, ou simplement de moments plus réguliers de partage. Formuler ces souhaits, c'est donner une direction à la relation, lui insuffler une dynamique nouvelle, et signifier à l'autre qu'il ou elle compte suffisamment pour que tu veuilles écrire ensemble d'autres pages de votre histoire commune.

Ce temps de recul est une preuve de soin et de maturité relationnelle. En instaurant un rendez-vous annuel dédié à la relation, on pose l'amitié comme une valeur centrale, digne d'être questionnée, célébrée, et renouvelée. Cela permet de sortir des habitudes, d'ajuster la relation à la réalité de chacun, et de la faire évoluer de façon consciente, non subie. Ce bilan n'a pas besoin d'être solennel : il peut être fait autour d'un café, lors d'une balade, ou même par lettre interposée. L'essentiel est la sincérité de la démarche et la volonté de faire grandir l'amitié, en toute lucidité et en toute tendresse.

Au fil des ans, ce rituel peut devenir un pilier, un repère dans la relation. Il offre l'opportunité de mesurer le chemin parcouru, de guérir les petites blessures, de relancer la complicité, et de s'engager ensemble dans de nouveaux projets. Le bilan d'amitié, loin d'être un exercice formel, est un acte d'amour et de fidélité : il manifeste la volonté de ne pas laisser la relation s'user, mais de la cultiver, de la célébrer, et de la réinventer, année après année.

Grandir ensemble constitue l'une des dimensions les plus profondes et les plus précieuses de l'amitié. Une amitié authentique n'est pas un simple lieu de confort ou de validation passive ; elle est un espace vivant, en mouvement, où chacun peut s'épanouir en étant encouragé, stimulé et parfois même challengé par l'autre. Soutenir ses amis dans leurs projets, c'est leur offrir plus qu'une simple oreille attentive : c'est se réjouir sincèrement de leurs élans, les aider à dépasser leurs doutes, et croire en eux parfois plus qu'ils ne croient eux-mêmes. C'est oser encourager leurs envies de changement ou d'aventure, même si ces envies nous déstabilisent ou nous éloignent ponctuellement. Cette forme de soutien, qui ne cherche pas à retenir l'autre mais à le voir grandir, est le signe d'une maturité relationnelle rare.

Grandir ensemble, c'est aussi avoir le courage de partager ses propres rêves sans crainte du jugement ou du ridicule. Il peut être difficile de se montrer vulnérable, d'oser dire ce que l'on espère, ce qui nous fait vibrer ou ce qui nous fait peur. Mais c'est justement dans ce partage sincère, où chacun peut exprimer ses aspirations les plus intimes, que l'amitié se renforce et gagne en profondeur. Lorsque l'on se sent accueilli dans sa singularité, encouragé à suivre sa voie, on trouve l'élan nécessaire pour aller de l'avant. Les amis deviennent alors des compagnons de route, des soutiens indéfectibles sur le chemin de l'accomplissement personnel.

Ce processus de croissance commune implique aussi d'accepter la confrontation et le questionnement. Il ne s'agit pas de s'opposer pour s'opposer, mais d'oser dire ce que l'on pense, d'exprimer ses désaccords, et d'accueillir ceux de l'autre. Les désaccords, loin d'être des menaces, sont des occasions d'apprendre : ils permettent d'élargir son point de vue, de sortir de ses certitudes, et d'enrichir sa compréhension du monde. Une amitié qui grandit est celle où l'on peut débattre, se confronter, parfois se fâcher, sans que cela n'entame le lien de respect et de confiance. Cela demande du courage, bien sûr, mais aussi une grande bienveillance : l'objectif n'est jamais de blesser ou d'imposer, mais d'aider l'autre à grandir, et d'accepter d'être soi-même transformé par la relation.

Inspiration et transmission sont également au cœur de l'amitié qui fait grandir. Chacun, par son parcours, ses choix, ses valeurs, peut ouvrir des horizons nouveaux à l'autre. Il arrive qu'un ami nous inspire par sa force de caractère, sa créativité, sa capacité à rebondir après une épreuve. Parfois, c'est simplement la fidélité, la générosité ou l'humour de l'autre qui nous pousse à devenir meilleur. Grandir ensemble, c'est se nourrir mutuellement de ces qualités, apprendre les uns des autres, et se sentir tiré vers le haut par la présence bienveillante et stimulante de l'ami.

Grandir ensemble c'est aussi reconnaître que l'on ne sera jamais totalement d'accord sur tout, que les chemins peuvent diverger, et que les aspirations évoluent avec le temps. Ce qui compte, c'est de rester présents l'un pour l'autre, de continuer à s'écouter, à se respecter, et à se soutenir, quelles que soient les différences. La plus belle amitié est celle qui laisse la place à l'évolution de chacun, sans jalousie ni possessivité, mais avec la joie profonde de voir l'autre s'épanouir. C'est cette fidélité dynamique, faite de respect, de bienveillance et d'ouverture, qui fait de l'amitié un véritable terrain de croissance partagée.

Entretenir et faire grandir une amitié, c'est choisir chaque jour de nourrir la relation, de l'adapter, de la préserver des vents contraires et de la célébrer dans sa richesse. Les plus beaux liens sont ceux qui traversent le temps, les épreuves, les changements, et restent vivants, dynamiques, joyeux. Dans le dernier chapitre, nous explorerons comment transmettre et partager ce que tu as appris, afin d'inspirer à ton tour d'autres personnes vers des amitiés plus vraies.

Chapitre 16

Transmettre et Inspirer

Arrivé à la fin de ce cheminement, une évidence s'impose : l'amitié authentique n'est pas seulement un don reçu ou une chance heureuse, elle est une œuvre collective, un art de vivre qui se cultive et se transmet. À l'heure où beaucoup doutent de la possibilité de liens sincères, où l'individualisme et la superficialité semblent régner, choisir d'incarner, de partager et d'encourager une autre façon d'être en relation est un acte de résistance et d'espérance. Ce chapitre t'invite à devenir, à ton tour, passeur ou passeuse d'authenticité, pour inspirer ton entourage, tes proches, et plus largement la société, à cultiver des amitiés généreuses, sincères et épanouissantes.

Transmettre, c'est avant tout partager une expérience vécue, une manière d'habiter le monde qui ne cherche pas à imposer une vision ou à donner des leçons. Dans ce geste, il s'agit de témoigner de ses propres découvertes, de ses évolutions, de ses doutes et de ses réussites. En racontant son cheminement, on offre à l'autre la possibilité de s'identifier, de se sentir compris, de ne plus se croire seul face aux complexités de l'amitié. Ce partage n'a rien d'un modèle figé : il se veut invitation à explorer, à inventer sa propre manière d'aimer, de soutenir, et de traverser les épreuves relationnelles.

Le pouvoir transformateur du témoignage repose sur sa capacité à ouvrir des horizons nouveaux. Quand on découvre le parcours de quelqu'un d'autre, on réalise que d'autres possibles existent, que le changement est accessible, que la peur ou la souffrance ne sont pas des fatalités. Ce simple acte de transmission desserre l'étau de la peur, redonne du courage à ceux qui traversent la solitude, la déception ou le doute. Il agit comme un souffle d'espoir, une lumière dans l'obscurité, rappelant qu'aucune situation n'est totalement figée.

Dans la société actuelle, souvent marquée par la méfiance et la peur de l'échec, voir quelqu'un vivre des amitiés saines, poser ses limites, pardonner, célébrer ses liens, a un effet rassurant et inspirant. Cela montre concrètement qu'il est possible d'habiter ses relations avec maturité et authenticité, d'oser la vulnérabilité sans crainte du rejet, de traverser les conflits sans perdre le respect de soi ou de l'autre. Le témoignage devient alors le prolongement naturel d'un cheminement intérieur, une manière de rayonner ce que l'on a intégré.

Transmettre, au fond, c'est offrir un cadeau à la fois humble et précieux : celui de son expérience unique, sans prétendre à la perfection. C'est donner à d'autres la permission de chercher leur propre vérité, de se relever après l'échec, de croire à nouveau en la possibilité de liens profonds. C'est, , une façon de faire circuler la vie, de tisser une toile invisible de confiance et d'espérance entre les êtres.

La première forme de transmission véritable ne se fait pas par les mots, mais par l'exemple. Être un modèle d'authenticité, c'est oser montrer qui l'on est, dans ses forces comme dans ses limites. Cela commence par la capacité à parler de ses besoins, de ses choix, de ses failles, sans agressivité ni justification. En affirmant ses limites sereinement, on invite les autres à faire de même, à sortir des jeux de masques et des faux-semblants qui empoisonnent tant de relations.

Accueillir la vulnérabilité de l'autre sans jugement est un autre pilier de l'authenticité. Lorsque tu crées un espace où chacun peut exprimer ses doutes, ses blessures, ses élans, tu agis comme un catalyseur de confiance. Cette qualité d'écoute, rare et précieuse, permet à l'autre de se sentir pleinement accepté, de baisser la garde, et d'oser à son tour plus de vérité dans la relation. C'est ainsi que l'authenticité se propage, par contagion bienveillante.

La sincérité dans les petits gestes du quotidien est tout aussi importante. Prendre le temps de dire ce que l'on ressent, d'offrir un compliment sincère, de dire quand quelque chose ne va pas, construit petit à petit une culture de la transparence. Cela ne veut pas dire tout dire, tout le temps, mais choisir de ne pas trahir ce que l'on est pour plaire ou éviter le conflit. La sincérité, même discrète, a un pouvoir de transformation immense sur l'entourage.

De ce fait, célébrer l'amitié, exprimer sa gratitude, dire à ses amis combien ils comptent est une forme d'authenticité joyeuse et contagieuse. En osant verbaliser l'importance de la relation, tu autorises les autres à en faire autant, à sortir du carcan de la pudeur ou de la peur du ridicule. Petit à petit, ton entourage s'autorise lui aussi à être plus vrai, plus nuancé, et à vivre ses amitiés avec plus de profondeur et de liberté.

Raconter son histoire, même imparfaite, est un acte de générosité et de courage. Souvent, on sous-estime la puissance de son propre récit, pensant qu'il n'a rien d'extraordinaire ou qu'il expose trop ses faiblesses. Pourtant, c'est précisément ce qui touche et inspire le plus : la sincérité d'un parcours jalonné de doutes, d'épreuves, de chutes et de renaissances. Quand tu oses témoigner de la manière dont tu as traversé la trahison, le deuil, la solitude, ou dont tu as appris à choisir et à pardonner, tu ouvres des portes à ceux qui n'osent pas encore faire ce pas.

Partager son histoire, ce n'est pas occuper le devant de la scène ou chercher à briller. C'est offrir une main tendue, une balise pour ceux qui se sentent perdus ou en marge. Le récit personnel a cette vertu de dédramatiser les difficultés : il montre que la souffrance, l'échec ou la confusion font partie du chemin, qu'ils n'enlèvent rien à la valeur de la personne, et qu'ils peuvent même devenir des tremplins pour grandir.

Il existe de multiples façons de partager son histoire : lors de discussions intimes, dans des groupes de parole, sur les réseaux sociaux, à travers l'écriture, la vidéo, ou tout autre média qui te ressemble. L'important est de rester fidèle à soi-même, de choisir le mode d'expression qui te met à l'aise, sans forcer la confidence ni chercher à impressionner. L'authenticité du témoignage fait toute sa force : ce n'est pas le récit le plus spectaculaire qui touche, mais celui qui sonne juste.

En racontant ce que tu as traversé, tu autorises les autres à faire de même, à sortir de la honte ou de la peur de l'exclusion. Tu participes à créer une culture du partage et de l'entraide, où chacun peut trouver, à son rythme, la force d'avancer. Ton histoire, unique, peut devenir le point de départ d'une transformation collective, bien au-delà de ce que tu imagines.

Pour que la culture de l'amitié s'enracine durablement, il est essentiel de multiplier les espaces où la parole circule librement. Ces espaces, qu'ils soient formels ou informels, permettent à chacun de partager ce qu'il vit, d'exprimer ses questionnements, ses joies et ses difficultés relationnelles. Organiser des cercles de parole, des cafés thématiques ou des ateliers autour de l'amitié, c'est offrir un cadre bienveillant où les expériences se croisent et s'enrichissent.

Proposer à ses proches des temps d'introspection ou de partage peut également transformer la qualité des liens. Il ne s'agit pas de forcer la confidence, mais d'ouvrir la porte à des échanges plus profonds, de susciter des questions, et d'accueillir les réponses sans jugement. Ces moments, même ponctuels, donnent le sentiment d'être écouté, compris, et valorisé dans sa singularité.

Favoriser les rencontres intergénérationnelles est une autre manière puissante de créer du lien. Les aînés ont souvent une expérience de l'amitié différente, une sagesse forgée par le temps, qui peut éclairer les plus jeunes. Inversement, la fraîcheur et l'audace des nouvelles générations apportent un souffle de renouveau. Croiser les regards, partager les histoires, permet de briser les tabous et d'enrichir la vision que chacun se fait de l'amitié.

Plus la parole se libère, plus les tabous tombent, plus chacun ose se poser les bonnes questions. Ces espaces d'échange deviennent des laboratoires vivants où se construit, pas à pas, une culture de l'amitié vraie – une culture où la vulnérabilité n'est plus une faiblesse, mais un levier de connexion, et où chacun peut, à sa manière, contribuer au bien commun.

Dans tout collectif, qu'il s'agisse d'une association, d'une équipe professionnelle, d'un cercle amical élargi ou d'une famille, la qualité des relations dépend largement du climat instauré par ses membres. Prendre la responsabilité d'encourager la bienveillance dans ces groupes est une forme de transmission puissante. Cela commence par valoriser les échanges authentiques, en reconnaissant et en accueillant les émotions de chacun. Oser dire à voix haute que les ressentis ont leur place, que la joie comme la tristesse peuvent être partagées, contribue à instaurer une atmosphère de confiance.

Intervenir pour apaiser les tensions et rappeler l'importance de l'écoute active est une mission délicate mais essentielle. Lorsqu'un conflit émerge, il est facile de laisser la colère ou l'incompréhension prendre toute la place. Être celui ou celle qui invite au dialogue, qui propose de prendre du recul, qui aide à clarifier les malentendus, c'est offrir aux autres la possibilité de sortir des schémas de compétition ou de jugement. La bienveillance ne veut pas dire tout accepter : elle suppose de poser des limites claires, mais avec respect et ouverture.

Célébrer les réussites communes et encourager la solidarité sont des gestes qui nourrissent durablement l'esprit d'équipe. Prendre le temps de reconnaître les efforts de chacun, de mettre en avant une réussite partagée, ou simplement de remercier pour l'entraide reçue, renforce le sentiment d'appartenance et de soutien réciproque. Un groupe où l'on ose être soi, sans peur du rejet ou de la critique, devient alors un terreau fertile pour des amitiés profondes et durables, où chacun se sent libre de contribuer à sa manière.

Devenir garant de la bienveillance dans un groupe, c'est aussi accepter d'être parfois un modèle imparfait, d'apprendre en marchant, et d'accueillir les retours des autres. C'est choisir de croire que chaque mot, chaque geste, chaque initiative qui va dans le sens de l'écoute et du respect, a le pouvoir de transformer les dynamiques et d'ouvrir la voie à des relations plus humaines et plus authentiques.

L'acte de gratitude est un exercice aussi simple que puissant pour transmettre, renforcer et célébrer l'amitié. Il s'agit de choisir une personne qui a compté dans ton parcours – que ce soit un ami du passé, du présent, ou même quelqu'un avec qui le lien s'est distendu – et de lui écrire une lettre ou un message pour exprimer ta reconnaissance. Prends le temps de lui raconter ce qu'elle t'a apporté, ce que tu retiens de votre relation, les moments marquants, et ce qui, grâce à elle, a changé en toi ou dans ta vision de l'amitié.

Ce geste n'a pas besoin d'être parfait ou solennel : l'important est la sincérité. Même si tout n'a pas été facile ou harmonieux dans la relation, il y a toujours une pépite à extraire, un souvenir à honorer, une qualité à souligner. Oser écrire cette gratitude, c'est poser un acte de reconnaissance qui fait du bien, non seulement à celui ou celle qui la reçoit, mais aussi à soi-même. Cela permet de revisiter le passé avec plus de tendresse, d'apaiser les éventuels regrets, et de renforcer l'estime de soi comme celle de l'autre.

L'effet de cet acte rayonne souvent bien au-delà du simple échange. Il invite l'autre à s'ouvrir à son tour, à se souvenir des moments partagés, à se reconnecter à la valeur de la relation, voire à transmettre cette gratitude à son propre entourage. C'est ainsi que la culture de l'amitié, du respect et de la bienveillance se diffuse, de proche en proche, dans un cercle vertueux.

Prends l'habitude de renouveler cet exercice régulièrement, sans attendre une occasion spéciale. Plus tu pratiques la gratitude, plus tu cultives la présence à l'autre et la joie de l'échange. Cet acte, aussi modeste soit-il, est une véritable semence pour des relations plus profondes, plus authentiques, et plus lumineuses.

Les témoignages de ceux qui ont choisi de transmettre et de partager leurs expériences en amitié montrent à quel point ce geste peut être libérateur et transformateur. Anissa, 42 ans, raconte qu'en osant parler de ses difficultés relationnelles, elle a réalisé combien d'autres personnes se reconnaissaient dans son histoire, mais n'osaient pas l'exprimer. De cette prise de parole est né un cercle où chacun peut déposer ses joies, ses peines, et ses questions sur l'amitié. Ce partage collectif crée un sentiment d'appartenance et d'allègement : les tabous tombent, la parole circule, et chacun repart enrichi des regards croisés.

Marc, 28 ans, évoque quant à lui la force de l'exemple. Longtemps, il a cru que l'amitié était un hasard, une chance réservée à certains. Mais en observant son frère poser ses limites, refuser les compromis blessants, et rester ouvert malgré les déceptions, il a compris que l'amitié était aussi un choix, une discipline, presque un art de vivre. Ce modèle l'a inspiré à être plus vrai dans ses propres relations, à oser dire non, à exprimer ses besoins sans crainte de perdre l'autre.

Ces récits rappellent que le partage d'expérience est contagieux : un mot, une initiative, un changement de posture peuvent inspirer tout un entourage. L'expérience d'un individu devient alors une ressource collective, une invitation à sortir de la solitude ou des schémas répétitifs, et à construire ensemble des amitiés plus conscientes et plus libres.

La transmission, finalement, est à la portée de chacun. Il suffit d'oser un geste, une parole, un témoignage. En le faisant, on ne sait jamais combien de personnes seront touchées ou transformées, ni quelles graines on sème pour l'avenir. Mais chaque témoignage, assumé avec sincérité, a le pouvoir d'ouvrir des chemins insoupçonnés, pour soi et pour les autres.

La transmission ne se limite pas à un effet immédiat : elle s'inscrit dans la durée, parfois de façon invisible. Chaque parole vraie, chaque acte de bienveillance, chaque limite posée sans violence, constitue une graine plantée dans le terreau des relations humaines. Parfois, on ne mesure pas l'impact de ces gestes au moment où on les pose, mais ils contribuent, peu à peu, à transformer l'ambiance d'un groupe, d'une famille, d'une communauté.

Ce sont ces gestes répétés, ces choix quotidiens de respect, de sincérité, de soutien, qui finissent par dessiner une culture collective de l'amitié. Chacun, à son échelle, porte la responsabilité de cette transformation. Il n'est pas nécessaire d'être un « leader » ou de tenir de grands discours : il suffit d'incarner, dans ses relations, les valeurs auxquelles on croit, et de rester fidèle à cette cohérence même dans les moments de doute ou de fatigue.

En plantant ces graines, tu offres aux autres la possibilité de faire de même : la bienveillance appelle la bienveillance, l'écoute invite à l'écoute, le respect encourage le respect. Petit à petit, c'est tout un tissu relationnel qui se transforme, devient plus solidaire, plus humain, plus joyeux. Cette évolution ne se fait pas du jour au lendemain, mais elle est puissante, profonde, et durable.

Ainsi, la transmission ne concerne pas seulement les idées ou les conseils, mais une manière d'être au monde, d'habiter ses liens, et de croire en la force transformatrice de l'amitié. C'est un héritage vivant, offert à tous ceux qui croiseront ta route, aujourd'hui et demain.

Transmettre et inspirer, c'est multiplier la beauté et la force de l'amitié, bien au-delà de son cercle immédiat. C'est offrir à chacun la permission d'être lui-même, de rêver à des liens plus vrais, et de participer à une transformation collective. L'amitié authentique, loin d'être un luxe, devient alors une source de guérison, de croissance, et d'espérance pour soi et pour les autres.

Tu as parcouru un long chemin, de la prise de conscience de tes masques à l'art de choisir, de cultiver, de réparer et de transmettre l'amitié. Tu sais désormais que l'amitié vraie n'est pas un hasard, mais une construction patiente, exigeante, joyeuse. Elle commence par l'écoute de soi, le respect de ses limites, le courage du tri, l'acceptation du deuil, la traversée de la trahison, le choix de nouveaux liens, l'entretien quotidien, le pardon, la célébration et, , la transmission.

Que ce livre t'accompagne comme un compagnon bienveillant sur la route de tes amitiés, présents et à venir. Que tu deviennes, à ton tour, un artisan d'une culture de l'amitié plus vraie, pour toi et pour le monde.

Annexe – Exercices pratiques

1. Le carnet des masques

Objectif : Prendre conscience des masques que tu portes dans tes relations amicales.

Mode d'emploi :

- Pendant une semaine, note chaque fois que tu te surprends à agir, parler ou sourire d'une façon qui ne te ressemble pas tout à fait (pour plaire, éviter un conflit, cacher une émotion, etc.).
- Précise le contexte, les personnes présentes, ce que tu as ressenti, ce que tu aurais eu envie de dire ou de faire à la place.
- À la fin de la semaine, relis tes notes et repère les situations ou les personnes où le masque est le plus présent. Demande-toi : de quoi me protège ce masque ? Que risquerais-je à l'enlever ?

2. L'arbre des amitiés

Objectif : Visualiser la diversité et la qualité de tes relations.

Mode d'emploi :

- Dessine un arbre : au tronc, écris-« moi ».
- Sur les branches principales, note les prénoms de tes amis actuels.
- Sur chaque branche, ajoute des feuilles avec des mots-clés : ce que tu partages avec cette personne, ce qu'elle t'apporte, ce que tu lui apportes, l'état actuel de la relation.
- Prends du recul : y a-t-il des branches à tailler, à arroser, à laisser pousser ? Quelles amitiés te nourrissent vraiment ?

3. La lettre sans masque

Objectif : S'exprimer avec authenticité.

Mode d'emploi :

- Choisis un ami.
- Écris-lui une lettre que tu n'enverras pas forcément, où tu dis tout ce que tu n'as jamais osé lui dire (tes joies, tes blessures, tes attentes, tes regrets, ta gratitude, tes limites).
- Relis-la : que ressens-tu ? Oserais-tu en partager un extrait ? Sinon, que retiens-tu de ce que tu as écrit ?

4. Le bilan d'amitié

Objectif : Prendre conscience de l'équilibre dans tes relations.

Mode d'emploi :

- Pour chaque amitié importante, réponds honnêtement :
    - Qu'est-ce que je donne dans cette relation ?
    - Qu'est-ce que je reçois ?
    - Qu'est-ce que j'aimerais changer ou demander ?
    - Qu'est-ce qui me manque, ou me pèse ?
- Note tes réponses et, si tu en as le courage, propose un échange sincère avec la personne concernée.

5. La liste de mes besoins

Objectif : Identifier et affirmer tes besoins relationnels.

Mode d'emploi :

- Liste sans te censurer ce dont tu as vraiment besoin dans l'amitié (présence, écoute, humour, liberté, soutien, honnêteté, etc.).
- Classe ces besoins par ordre de priorité.
- Demande-toi : lesquels sont comblés ? Lesquels ne le sont pas ? Quels petits pas pourrais-tu faire pour mieux les respecter ou les exprimer ?

6. L'exercice du « non » bienveillant

Objectif : Apprendre à poser ses limites sans culpabiliser.

Mode d'emploi :

- Repère une situation où tu as envie de dire non, mais où tu as tendance à céder.
- Prépare une phrase simple, respectueuse, pour t'affirmer (« Je comprends ta demande, mais je ne peux pas cette fois-ci », « J'ai besoin de temps pour moi »).
- Teste-la en situation, puis observe : comment te sens-tu ? Quelles réactions cela suscite-t-il ? Qu'as-tu appris sur toi ?

7. Le rituel du compliment reçu

Objectif : Apprendre à accueillir la reconnaissance sans la rejeter.

Mode d'emploi :

- Lors de tes échanges, dès qu'on te fait un compliment, contente-toi de répondre : « Merci, ça me fait plaisir ».
- Résiste à l'envie de minimiser, de te déprécier ou de contre-complimenter par automatisme.

- Note ce que ça provoque en toi (gêne, fierté, envie de fuir…).
- Relève ce que cela change dans la relation.

8. La lettre de pardon (ou d'auto-pardon)

Objectif : Libérer la rancœur ou la culpabilité.

Mode d'emploi :

- Écris une lettre à un ami qui t'a blessé, ou à toi-même si tu te reproches quelque chose.
- Décris la blessure, ce que tu ressens, ce que tu aurais souhaité, puis termine par une phrase de libération (« Je choisis de me libérer de la colère/du ressentiment, pour avancer, pour moi »).
- Tu peux garder cette lettre, la brûler, ou l'envoyer selon ce que tu ressens.

9. Le cercle de gratitude

Objectif : Célébrer et renforcer les liens.

Mode d'emploi :

- Réunis quelques amis (ou envoie un message) et propose un cercle de gratitude : chacun exprime ce qu'il apprécie chez les autres, ce que la relation lui apporte.
- Observe l'effet sur le groupe et sur toi-même. Que ressens-tu ? Que découvres-tu de nouveau sur la beauté de tes liens ?

10. La pause numérique

Objectif : Tester l'impact de la distance ou du silence.

Mode d'emploi :

- Prends une semaine pour réduire volontairement les échanges superficiels ou automatiques (réseaux sociaux, textos rapides).
- Observe : quelles relations persistent ? Qui prend des nouvelles ? Qui te manque vraiment ?
- Utilise ce recul pour évaluer la qualité et la profondeur de tes amitiés.

11. L'entretien sincère

Objectif : Renforcer la confiance par le dialogue authentique.

Mode d'emploi :

- Invite un ami à un entretien sincère : chacun dispose d'un temps de parole égal, sans interruption, pour partager son ressenti sur la relation, ses joies, ses regrets, ses envies.
- Finissez par une question : « Qu'aimerais-tu que je fasse plus, ou moins, pour que notre amitié grandisse encore ? »
- Prends note des réponses et vois ce que tu peux mettre en pratique.

Ces exercices sont tires de tout le livre et constituent des invitations, jamais des injonctions. Prends le temps de les expérimenter à ton rythme, seule ou avec d'autres, et adapte-les à ton histoire. Ils sont là pour t'aider à passer du regard sur soi à l'action concrète, et à faire grandir, pas à pas, des amitiés plus libres, plus vraies, et plus nourrissantes.

Table des Matières

Dédicace 1

Préface 3

Avant-propos 5

Résumé 9

Introduction 11

Chapitre 1 Comprendre la Nature de l'Amitié 15

Chapitre 2 Les Signes d'une Amitié Toxique 26

Chapitre 3 Pourquoi Restons-nous Attachés aux Faux Amis ? 38

Chapitre 4 La Fausse Humilité – un Autre Masque dans l'Amitié 42

Chapitre 5 Les Blessures Invisibles 54

Chapitre 6 Apprendre à s'Écouter 65

Chapitre 7 Le Processus du « Tri Amical » 74

Chapitre 8 Rompre avec la Culpabilité 82

Chapitre 9 Le Deuil d'une Amitié Perdue 90

Chapitre 10 Se Reconstruire Après la Trahison 97

Chapitre 11 Les Clés pour Choisir de Nouveaux Amis 106

Chapitre 12 Cultiver l'Authenticité dans ses Relations 115

Chapitre 13 Traverser et Dépasser les Conflits Amicaux 125

Chapitre 14 Le Pardon et la Réconciliation 137

Chapitre 15 Entretenir et Faire Grandir l'Amitié sur le Long Terme 149

Chapitre 16 Transmettre et Inspirer 161

Annexe – Exercices pratiques 169

More Books!
yes
I want morebooks!
Buy your books fast and straightforward online - at one of world's fastest growing online book stores! Environmentally sound due to Print-on-Demand technologies.
Buy your books online at
www.morebooks.shop
Achetez vos livres en ligne, vite et bien, sur l'une des librairies en ligne les plus performantes au monde!
En protégeant nos ressources et notre environnement grâce à l'impression à la demande.
La librairie en ligne pour acheter plus vite
www.morebooks.shop
info@omniscriptum.com
www.omniscriptum.com
OMNIScriptum

Kolibri 360 GmbH
Ferdinand-Jühlke-Straße 7
99095 Erfurt, Deutschland
produktsicherheit@kolibri360.de

Druck:
CPI Druckdienstleistungen GmbH
im Auftrag der
Kolibri 360 GmbH
Ferdinand-Jühlke-Str. 7
99095 Erfurt